宠物医生爆笑手记

［加］菲利普·肖特 著

杜梨 译

中国出版集团
现代出版社

版权登记号：01-2021-0970

图书在版编目（CIP）数据

宠物医生爆笑手记 /（加）菲利普·肖特著；杜梨译. -- 北京：现代出版社，2020.11（2023.4重印）
ISBN 978-7-5143-8910-4

Ⅰ.①宠… Ⅱ.①菲…②杜… Ⅲ.①兽医学－普及读物 Ⅳ.①S85-49

中国版本图书馆CIP数据核字（2020）第218880号

THE ACCIDENTAL VETERINARIAN: Tales from a Pet Practice
by Philipp Schott
Copyright © Philipp Schott, 2019
Published by arrangement with ECW Press, Inc. c/o Nordlyset Literary Agency through Bardon-Chinese Media Agency
Simplified Chinese translation copyright © 2021
by Beijing Qianqiu Zhiye Publishing Co., Ltd.
ALL RIGHTS RESERVED

宠物医生爆笑手记	
著　　者	【加】菲利普·肖特
译　　者	杜　梨
责任编辑	刘全银
出版发行	现代出版社
地　　址	北京市安定门外安华里504号
邮政编码	100011
电　　话	(010) 64267325
传　　真	(010) 64245264
网　　址	www.1980xd.com
电子邮箱	xiandai@vip.sina.com
印　　刷	唐山富达印务有限公司
开　　本	787 mm×1092 mm　1/32
印　　张	7.75
字　　数	141千字
版　　次	2021年6月第1版　2023年4月第2次印刷
国际书号	ISBN 978-7-5143-8910-4
定　　价	59.00元

版权所有，翻印必究；未经许可，不得转载

欢迎来到肖特医生的宠物诊所!

目录

前言　001

I 宠物医生养成记

圣诞沙鼠波波　003

无心插柳的宠物医生　007

穆克　010

打个电话　015

南萨斯喀彻温省的霍格沃茨　019

如果你想成为一名宠物医生　023

大概有一英里那么宽 029

命名 032

并不匹配 036

超音速章鱼 040

一封致公园里的客户的公开信，我忘了他的名字 043

请用英语重复一遍 045

为什么直到现在医生都还没给我打电话？ 048

孤独的斑马 052

对你们的宠物医生好点儿 054

丑陋的 057

所有的怪人 058

一份宠物医生账单的解析 062

禁忌 065

这一切的核心 068

猫·狗·偏执狂 071

在黑暗中 074

黑大褂 077

当黑暗难以承受之际 079

咬、咬、咬 083

III 宠物诊所里的怪异故事

想想鸵鸟　091

最小的心脏　094

斯邦基轻快地滑了下来　098

鱼之死　101

真的？任何地方？　104

芬尼根VS炖肉　107

"又脏又大又尖的牙齿"　112

小嚼　114

导盲犬看到了什么　120

勒罗伊和阔边帽　124

一件我非常不擅长的事　127

爱德华巨倒霉的一天　130

闻一闻那只泰迪熊　133

它吃了什么?!　137

关于鸭子　139

Ⅳ 与宠物医生有关的科学

未知的未知　145

咕噜声　149

那只野生的北极吉娃娃　151

大自然中的自然　154

斯多葛派和卡珊德拉派（凶兆预言者）　157

给猫喂药　160

消防水带和布丁　163

大便的彩虹　167

以字母"A"开头　170

黄色　174

面包和耳朵们　176

咳、吭、喘　180

打一针犬瘟疫苗　183

绝育日　185

接受辅导　189

参加派克大衣挑战赛　192

猫可能是金丝雀哦　194

以"C"开头的单词　198

做出选择　201

他们知道今天是圣诞节吗？　204

猫咪发疯了　206

当天空爆炸的时候　209

埃尔伍德绝不后悔　212

牙医的怪异真是让人无话可说　215

感觉到棘手了吗？　218

草原跳蚤的歌谣　220

我的心上有虫子　223

一只狗的奇思妙想　227

后记　230

致谢　233

前言

1990年,我从萨斯卡通[1]的西部兽医学院毕业。那时我已经写了几年东西,但毕业后,我突然发现我有了更多的自由时间,因而开始了更有规律的写作。二十五年来,宠物医生工作和写作爱好就像两条平行的小溪,彼此没有交流。我写过关于旅行的故事,也写过关于威士忌的故事。我写了一本儿童读物,还写了一些短篇小说,但我从未想过写些工作上的事。回想起来,作为一个宠物医生,我害怕工作和私人生活混在一起,担心那样我的生活会被吞噬,如果我任其发展、坐视不管的话。这种事我见得太多了。但随着时间的推移,我发现越来越多的人希望我讲讲宠物医生方面的故事,而不是我的旅行见闻(当然,更不是我的威士忌逸事)。

宠物医生就像一台故事机器。在动物身边,人们往往展现出他们最具人性的那一面。我见过看起来很冷酷的男人,他承认,在狗死后,他哭得比在他父亲灵前还厉害;我也碰见过孤独的老妇人,她说,在很长一段时间里,她对小猫们笑的次数比对生命中其他任何事物

---

1 加拿大萨斯喀彻温省中南部城市。——译者注

都要多。而动物本身,那些身处在戏剧和喜剧中却稀里糊涂的主角们,自然是具有致命吸引力、超级迷人,又极富感染力的。我内心的写作冲动再也不能忽视这一事实,所以两年前,我开了一个宠物医生博客,接下来的许多故事和散文都是从那里吸收来的。令我高兴的是,宠物医生这只怪兽并没有吃掉我的生活。对我来说,它反而成了一只复杂但温柔的野兽,它让我的生活变得更加充实,正如我的生活总是丰富我的工作那样。

I

宠物医生养成记

圣诞沙鼠波波

像大多数孩子和几乎所有的宠物医生一样,我从很小的时候,就对动物非常着迷。和大多数孩子一样,那时我的兴趣引发了一场不达目的决不罢休的想要得到一只宠物的运动。然而,我的父母却不是喜欢宠物的类型。远远不是。我的父母在成长过程中没有养过宠物(毕竟那是在饱受战争摧残的德国——还有许多其他重要的事情等着他们去做,比如生存)。我们移民到萨斯卡通后,他们认识的人中也没有一个养宠物的。宠物就不是他们世界里的东西。他们并不一定认为养宠物是件坏事,但这是"其他人"会做的事,与此类似的还有跳队列舞或穿变性装。想要一条狗明显是不可能的,以至于我从来没敢问他们,而我明白,如果想要一只猫,在他们看来,和想要一只疣猪或恒河猴没什么两样。于是,我放低了目光,开始努力把蒙古沙鼠培养成我父母心目中理想的宠物。

这种长期努力一直没有什么明显的效果,一直到1977年圣诞节。那天,我家的圣诞树下出现了一个巨大的长方形物体,上面盖着一块毫无节日色彩的灰色桌布。其实那个时候,我差不多已经放弃了渴求一只沙鼠的运动。事实上，我担心这个长方形的大物体会是一套巨大的麦尔卡罗玩具，这是我爸为了让我对"实用的东西"感兴趣而发起的运动的一个载体。然而并非如此——出乎我意料的是，这个东西现出原形后竟然是只笼子。一只大笼子，它是我爸用一英寸厚的镀锌钢丝网一手打造的。这只笼子很结实。它的设计似乎是为了帮助它的小居民来抵御地震、龙卷风、迫击炮的袭击和重大内乱。

但它里面并没有任何小居民。

"哦，哇，谢谢，谢谢！这是一只……是一只……这是一只空笼子。"

我爸妈凑近笼子仔细地瞧了瞧，之后面面相觑。半小时前有只沙鼠在里面，现在他不见了。我爸，一位物理学家，对此表示极度惊讶，并且不相信沙鼠可以成功地从一英寸的网格里挤出去。但很明显他做到了，就像一枚穿过扣眼的扣子。剩下的礼物还没打开，各种各样的圣诞仪式也都被搁置一边，搜寻工作开始了。两个一脸迷茫的成年人和两个狂躁兴奋的小孩在房间里四处寻找。我们找到沙鼠时，他[1]正在一个柜子底下的角落里一声不响地拉屎。

顺便补充一下，对于外行的读者来说，蒙古沙鼠是一种小型沙漠啮齿动物（我第一次写成了"甜品啮齿动物"[2]，这也被我电脑的拼写

---

1 本书在涉及具体宠物时，依据性别使用"他"或"她"来指代。——编者注
2 原文"Desert rodent"意为沙漠啮齿动物，而作者误将"Desert"拼写成了"Dessert"（甜品）。——译者注

检查功能漏掉了),他的皮毛呈黄褐色,有条细长的尾巴,尾端毛茸茸的,有点像狮子的尾巴。这些家伙没有仓鼠那么爱咬人,也不像老鼠那样有特别重的气味。

沙鼠被抓进笼子后,我爸就用防蝇网盖住了笼子。可这只起了一两天的作用,很快沙鼠就通过咀嚼,嗑穿了防蝇网。防蝇网被我爸补了又补,但是沙鼠坚定不移地嗑了又嗑。最终成功阻止他一次又一次"越狱"的,是向日葵花籽。或者,更准确地说,是由于他持续地摄入高脂肪的葵花籽而导致的病态肥胖。很快,他那肥硕的身躯再也不能挤过那个网格了。他只好待在笼子里,用他的自由来换取美味的零食。这是一种大家熟悉的,对多力多滋玉米片[1]重度上瘾的交易行为。

随着时间的推移,沙鼠和我变得越来越亲密了。或者,更准确点应该这样说,是我单方面和他更亲密了;就沙鼠而言,我认为可以肯定的是,他对我是漠不关心的——或者说,除了他的葵花籽,他对其他任何事物都毫无兴趣。我最初给他起名叫"波比尔",但后来这个名字演变成了"波尔波",然后就是那个最终被确定的版本:"波波"。

后来波波死了,笼子也没了继承者。最后笼子与手提箱及旧咖啡壶一起被遗忘在了地下室,直到一月某个寒冷的清晨,我爸发现了

---

[1] Doritos,多力多滋,美国的一款玉米片品牌,于1966年上市。——译者注

一只囊地鼠[1],一种本质上失明的穴居动物。那时他本应在冬眠,却出现在了覆盖着大雪的田野中,茫然地到处转圈。我爸掸去了笼子上的灰尘,然后,令我们大家都感到震惊的是,他走到田野里去捡那只受了惊的啮齿动物。然而囊地鼠没有意识到他的善心,狠狠地咬了他一口。但我爸坚持把他带进了屋子,然后小心翼翼地将他安置在笼子里。最终,在接下来的三四个月里,他和囊地鼠发展出了一种不同寻常的、看起来似乎是互利互惠的关系。到了春天,囊地鼠被放了出来,笼子再也没有被使用过。后来,我想象着笼子在萨斯卡通垃圾填埋场的某个深层地下,完好无损,就像我爸打造它的那天一样坚固耐用。

无心插柳的宠物医生

我从没打算成为一名宠物医生。事实上,当我还是个孩子的时候,我只是对宠物医生有个模糊的概念。因为当时我们除了沙鼠,并没有其他宠物,而且平心而论,对于沙鼠来说,专业的医疗护理实在

---

[1] 囊地鼠属衣囊鼠科(Geomyidae),是一种挖洞啮齿动物,为北美洲及中美洲地区特有的物种。——译者注

是用不上，我们也考虑不到。多年来，我一直想成为一名大学里的地理学家或历史学家。是的，我是个奇怪的孩子。之后，我上了高中，我对动物与自然一直存在的兴趣不断增长，我把动物学家加进了我的梦想清单。但是，宠物医生仍然不在我的梦想辐射范围里。

我爸是一个务实的人，他那时对学术界变得愤世嫉俗起来。他是萨斯喀彻温大学的一名物理学教授，他认为，由于大学官僚主义不断膨胀，学术工作将变得越来越少，也越来越缺乏吸引力。因此，他对于我想要追求动物学、历史学或地理学的学术生涯的兴趣，越来越感到忧虑。他喜欢简练的德语短语"Brotlose Kunst"，它可以直接翻译为"没有面包的艺术"——换句话说，是一种无法让人填饱肚子的工作或者职业。他把选择权交给了我，但他明确地建议我，改变想法去别的领域追求发展。

我是一个非常听话的青少年（大部分情况下），当时间来到1983年的3月，也就是我高中毕业那一年的三月，在一个阳光明媚的星期六，我花了一个早晨有条不紊地浏览了萨斯喀彻温大学的课程表。课程按字母顺序排列，我开始一个一个地排除它们：农业（无聊）、人类学（没有面包的艺术）、艺术（没有面包的艺术）……以此类推。根据上面的建议，我特别关注以培养学生实践能力为目标的职业化学院，但我也无情地淘汰了它们：牙科（哈）、工程（无聊）、医学（啊不——病人令人不快)等。当我浏览至神学(哈)那一项的时候,我着实有些慌了,那时我几乎看到了字母表的底端,但我还没有发现我想从事的职业。上面只剩下一个课程项目了,我把那张纸翻了过来,看到上面写着:兽医学。

啊哈,兽医学。

我当时想不出任何可以反驳自己的理由。事实上,我想得越多,这个想法就越有吸引力。这实际上就是应用动物学啊!除此之外,我想了想,我一直很喜欢猫和狗,虽然我从没养过一只猫或狗。

在十七岁的冲动之下,我当即决定,就是它了,这就是A计划。那时我迷恋的一个女孩的父亲是兽医学院的教授,这也是其中的一个因素。但我对此职业一无所知。我甚至都没有读过吉米·哈利[1]的书。顺便提一句,向同样不太了解情况的读者说明一下,吉米·哈利是20世纪后半叶世界上最著名、最受欢迎的兽医,那本《万物既伟大又渺小》是他最为畅销的一本回忆录,那部颇受欢迎的BBC电视连续剧就是依此改编的。现在,在澳大利亚的行家里手《邦迪兽医》[2]的影响下,他可能有被比下去的风险,但对一些特定年龄群的观众来说,哈利就是那万千兽医中最打动人的一个。当我了解到更多关于

---

1 吉米·哈利(James Herriot, 1916—1995),英国人。一位闻名英、美的兽医作家,英国媒体曾评价"其写作天赋足以让很多职业作家感到羞愧"。——译者注
2 《邦迪兽医》是澳大利亚的一部讲述兽医日常的电视连续剧。——译者注

兽医学的信息后，我开始有些动摇了（哈利对大部分人都有正面影响，然而对我来说却恰恰相反）。之后我先拿了一个生物学的学位，但是我的指导老师重复了我爸的建议——找份工作，就像你曾经计划好的那样，进入兽医药学。然后，我就加入了兽医行列[1]。

我的绝大多数同事都想过成为兽医，只要他们还记得的话。在大多数情况下，他们不得不搬到萨斯卡通或圭尔夫这类很远的地方去上兽医学校。他们的计划很明确，承诺也很坚定。相比之下，我仍然为自己偶然地进入了这个行业的事实感到惊讶，这个行业不仅给了我一个奇异的职业生涯，也让我遇到了我的妻子，并搬到了温尼伯。如果萨斯喀彻温大学没有开设兽医学，而课程表上的最后一门课程是神学，那又会怎样呢？

有些意外事件令人开心，这就是其中的一件。

穆克

直到沙鼠波波出现十年以后，另一只宠物才现身（囊地鼠从未温顺到可以让我们把他视为宠物）。我仍然想要一只狗，但在某种玄学

---

[1] 兽医包括了宠物医生。本书作者从事的是治疗小动物的宠物医生工作，从学科上说，仍属于兽医。——编者注

的作用下,这个愿望从来没实现过。

之后,当我在萨斯喀彻温大学上大二的生物课程时,我们搬到了城市西南方向约二十公里宽的一块土地上。住在乡下,并且能够拥有一块属于自己的土地,一直是我爸的一个梦想。他白天是等离子实验物理学家,晚上是(以及周末和节假日)彬彬有礼的农夫。他开始收集拖拉机,然后把这些拖拉机开到房子的外屋放着。

一个晚秋的日子里,一只黑白花的小猫咪出现在了其中一个外屋旁的高草丛里。那是一片很棒的捕鼠地,我猜想。他只是小公猫,可能只有十周大。我爸妈不知道该拿他如何是好。我当时全神贯注于我的学业,专注于做一个有车和有社交生活的年轻人(尽管如此),所以一开始我并没怎么把他放在心上。这只小猫咪非常友好,他会跑到你面前,然后立刻开始在你的裤腿上蹭来蹭去,从这么小的一只猫咪身体里发出来的咕噜咕噜声,简直是不可思议。就像猫咪通常会在特定的人群中挑出一个最不喜欢猫的人去磨炼那样,他特别喜欢我爸。

萨斯喀彻温省的冬天来得很快,也很猛烈。在与我们其他人温和地纠缠过后,我爸允许小猫咪进入独立的车库,并开始在那里喂养他。是他自己一人喂的,说他反正整天也是在那儿待着。当然,这是件麻烦事,但也称不上麻烦事。小猫咪只被允许进入车库,其他地方都不行。当然更别提房子了。

差不多这个时候,小猫咪有了自己的名字。我们叫他"穆克",我妈说,这个名字就像他用头撞你的手时,发出的唧唧啾啾的声音:"穆克,穆克。"

我想你们中的许多人已经大致了解了这个故事的具体走向。你完全猜对了。随着冬天的来临,车库也变得天寒地冻。我爸说:"好吧,猫可以进咱们房子,但仅仅是地下室,其他地方哪儿也不能去。"我们地下室的楼梯顶端有一扇门,所以从理论上讲,小猫咪待在地下室就得了。然而,穆克会在门后发出楚楚可怜的叫声。很快,我爸又发话了:"好吧,白天穆克可以爬上一楼,但晚上他就得到地下室去。而且他不能进入我的卧室和书房。"

几个星期后的一个星期六,我在城里办完事后,很早就回家了,我妈和我弟还没有回家。当我从前门进来时,听到楼上传来一种奇怪的声音。那是一种什么东西在动来动去,不停地刮擦着地板的声音,还混杂着我爸"哧哧"的笑声,但那时只有他一个人在家。我上了楼,看见我爸书房的门是开着的。我顺着门缝悄悄往里看,发现我爸正趴在地上和穆克一起玩闹,他们俩都很开心。

在穆克进入我们的生活两年后,我开始在兽医学校上学,他是和我并肩作战的学习伙伴。他精确地知道自己应该躺在我书桌的什么

位置,这样我才不会挥手把他赶走。他让学校里教的那些抽象概念看起来更加真实,而当我有压力的时候,他也是我的安慰来源。

1990年,我毕业了,也搬去了温尼伯。尽管我把他叫作"我的猫",但在真正意义上却是我父母的猫,所以毫无疑问,他肯定得留下来。他继续在那片广阔的土地上冒险。他被车撞了或从树上摔下来而受了重伤,我们并不确定是哪一个事故造成的。这件事发生时,我妈正在德国探亲,所以我爸一直照料着他直到他恢复健康,给他喂药,给他换绷带,还经常给我打电话,告诉我猫咪的最新状况,寻求我的建议。除此之外,我爸从未因为别的事情,或在别的时候给我打过电话。当他这么做的时候,我们之间发生了一些变化。两个成年人常常聊天,都需要彼此的陪伴。这件事发生两年后,我爸去世了。

2002年,我的女儿伊莎贝尔出生。穆克当时已经很老了——我好好算了一下,我想当时他得有十八岁了。在我第一次带孩子去萨斯卡通回家探亲时,穆克蹑手蹑脚地走进了我们的房间,爬上了我抱着伊莎贝尔的床,想哄她入睡。穆克蜷在她的身边,咕噜了起来。我清楚地记得我是多么感激他,又是多么强烈地感受到了这只猫让我的女儿和我父亲之间产生的联系。一条活生生的纽带啊!我实在忍不住哭了起来。

打个电话

有时我无法区分是哪一段遥远的记忆与某个事件相对应，与这一事件有关的照片又是哪些。不过不管怎样，从我的父母不再给我拍照，也不再拍我在做什么，到我自己拍照之前的那段时间，在20世纪80年代的大部分岁月中，这并不是什么大事。我的童年和成年岁月都有丰富的记录，但在那之间的那段岁月，在我还在上高中和大学的时候，在很大程度上，那是一层由薄纱覆盖的模糊记忆，只有一部分清晰地浮现出来，让我能够紧紧抓住它们，把它们当作那个时期的路标。其中一个记忆是我坐在位于萨斯卡通的我们家前厅的小桌子前，面前放着一部褐色的旋转式拨号电话机，我正在给当地的一家宠物诊所打电话。至少我正在尝试着去做这件事。

当时我在萨斯喀彻温大学的生物系进行第二年的兽医预备课程学习。那时我还在犹豫要不要申请去西部兽医学院，但我想保留所有的选择。兽医学校的录取标准主要是分数，但他们坚持认为，你至少得有一些在宠物诊所工作或做志愿者的经验，这样你就会对自己未来要做些什么有所了解。我从来没有去过任何一家宠物诊所，甚至短暂的停留也没有。即使我真的去了兽医学校,我的目的也是把它作为一个跳板,好在兽医学的某些方面从事教学和研究工作。但无论如何,临床接触是强制性的,所以我列出了当地诊所的名单和电话号码,优先考虑了比较便利的地点。我把这张单子拿到电话前,盯着它,又盯着电话。我吓坏了。我开始拨号,然后挂断电话,对自己发誓,然后又开始拨号。这一切都因为我极度的自我意识而变得更糟,所以我只会尝试在我的家人都不在家的时候打电话。但我妈几乎总是在家。

回想起来这件事,很奇怪,因为我现在常常要和陌生人通话,但当时的恐惧让我完全瘫痪了。我怀疑是否有人会有兴趣让一个毫无经验的人在他们的诊所里晃来晃去。我想这些诊所里都是些面容严肃、穿着笔挺的白大褂和绿色的外科手术服认真做事的人,我只会碍事。我在生物实验室里待得很舒服、很开心。我真的开始怀疑那是否是个好主意。

但我又试了一次,为此我踌躇不安足足七分钟,当时真的是汗流浃背,浑身发抖。一个欢快的声音立刻做出了回应。"当然,"她说,"没问题,可以随时过来。罗斯玛丽喜爱学生,正好需要帮手。"

"罗斯玛丽?"我思忖着,"这位接待员直接叫宠物医生的名字?"那是我的第一条线索,因为我当时只想赶紧出门吃顿午饭。

那是晚春里一个阳光明媚的日子。下午我放假,不用去上课也不用去实验室,我决定直接去那家诊所看看。打电话是最糟糕的部分,但一旦打完了电话,一种兴高采烈的感觉就让我的紧张情绪缓和了下来。这是一家非常小的诊所,候诊室里只有两个座位。那儿什么人都没有,不仅没有顾客,连接待员也没有。我在那儿站了好一会儿,不知道该干些什么,我又开始焦虑起来。然后从后面的屋子传来一声巨响,像是什么金属掉下来了,紧接着是一句强有力的"我的天哪!"

当我正要从门口溜出去的时候,一个年轻女子出现在大厅里,向前台走了过去。

"嗨,你一定是菲利普了!"

"是的,我就是。"我伸出手去,"见到你很高兴。"

"我叫温蒂,你来得正是时候,快跟我到后面来。"她从厅里的一个橱柜里抓了一些手术器械,把我领到后面,那里有一间屋子,中间有一张金属桌子。墙边挤满了货架,另有两扇门通向外面。一位身穿T恤、长裤和人字拖的中年妇女站在桌旁,手里抱着一只长毛的橘色的猫。

"罗斯玛丽,这位是菲利普,我们的新学生。"

这就是宠物医生?

站在桌边的女人咧开嘴笑了起来并和我握手。"欢迎,菲利普!

罗斯玛丽·米勒。"她的澳大利亚口音很重。"现在请过来一下吧。这位是老虎[1]。我去取样品的时候温迪会摁着他。我想让你做的是挠他的耳朵以分散他的注意力。"

我从来都没有挠过一只猫的耳朵,所以我觉得我可能做得不太对,但没人说我什么,而"老虎"看上去也似乎很满意。

手术完成后,温迪带着"老虎"穿过其中的一扇门,这扇门似乎通向一个小狗窝和储藏区。米勒医生(我还没法做到把她想成罗斯玛丽)踢掉了她的一只人字拖,把她的脚抬到了检查台上,一边剪着她的脚指甲,一边和我聊天。"所以接下来我们要给一只猫接上他的断腿。你可以旁观这场手术,然后帮助它进行后期康复。"

"好的。"这令人意外的节奏,以及这些意外的工作,让我感到头晕目眩。然后我才记得加上一句:"谢谢。"

米勒医生目不转睛地盯着她的另一只脚笑了,"别担心啊!"

我很快了解到,她的丈夫在大学里教授人体医学,她开这家诊所只是为了好玩,也就是她所说的"赚点儿小零花"。我们在一块儿的时间不太固定,气氛还有些古怪,大部分时间都是安静的,我们只是坐在一起聊聊天,但真当动物们被送进来的时候,那些案例的多样性又让我大开眼界。走进罗斯玛丽的诊所时,我对与小动物有关的医

---

1 "老虎"为猫的名字。——编者注

学实践一无所知,而从那里离开时,我开始感觉到内心有什么东西在发生改变。

南萨斯喀彻温省的霍格沃茨[1]

要把我在兽医学院里经历的故事拨一半填进这本书,这很简单,但我猜你们阅读这本书的目的并不是要了解这些。所以请允许我用你们中许多人所熟悉的那种最宽泛的笔触来总结经验,做出对比。

如果你发现自己身处萨斯卡通城,你一定要去萨斯喀彻温大学转转。它被公认为加拿大最美丽的大学之一,有着绿树成荫的河畔风景,拥有具有百年历史的新哥特式石灰石建筑群,它们的中央环绕着一片可爱的中心绿地。如果你去那儿游玩,请漫步到校园的东北角,穿过物理楼,走向农业学院,那里有许多现代建筑像被流放了一

---

[1] 霍格沃茨魔法学校(Hogwarts School of Witchcraft and Wizardry)来源于 J.K. 罗琳所著的奇幻小说《哈利·波特》,并出现于《神奇动物在哪里》系列电影中。霍格沃茨共分为四个学院,分别是格兰芬多(Gryffindor)、赫奇帕奇(Hufflepuff)、拉文克劳(Ravenclaw)和斯莱特林(Slytherin),四所学院皆有其代表颜色与动物。新生入学的一件要事就是戴上分院帽(Sorting Hat),分院帽根据新生的性格和品质来划分所属学院。——编者注

样蹲守在那里,到那儿你就会看到。穿过工程学院灰色的水泥掩体,你将会看到一座城堡。你那时得稍微眯着点眼睛,而且你还得用一点你的想象力,要注意那座桥、那座炮塔和那双不太对称的翅膀。那是一座城堡,一座现代化的城堡。而且,据我的观测,它不是什么其他的城堡。在我看来,如果这座建筑是由上世纪中叶的现代主义建筑师——勒·柯布西耶[1]来设计的,那么它就会与霍格沃茨城堡有些相似。这座城堡实际上是西部兽医学院之所在。

在这一点上,我应该提供一个免责声明。如果你不知道勒·柯布西耶是谁,这一点都不重要,但如果你不知道霍格沃茨是什么,这可能真的很重要了。在这种情况下,你读到这里就不用继续往下读这一章了,因为剩下的内容对你来说可能没什么意思。

由于我女儿,我比大多数人更晚才接触《哈利·波特》,所以我最近才意识到西部兽医学院和霍格沃茨的相似之处。事实上,J.K.罗琳在那趟从曼彻斯特开往伦敦的晚点火车上得到了她的灵感,那个时间点几乎和我从兽医学院毕业的时间一致,但我在那儿的时候,那些故事还没有被写出来。不过,当我把它们联系起来以后,我就意识到,能够让人联想起霍格沃茨的,不只是它模糊的城堡般的外表。它

---

1 这座建筑并非勒·柯布西耶的作品,但是我要提醒一下,你们中如果有了解他的人,看到这里,就会有一个大致正确的想象。——作者注
勒·柯布西耶,20世纪著名的建筑大师、城市规划家和作家。——译者注

的内部有个地下室(病理学和尸检实验室)、一个大厅(自助餐厅)、黑暗的实验室和演讲厅,奇怪的东西漂浮在罐子里,被摆在满是灰尘的展示架上,架子上还安坐着骷髅,它们的布局就像迷宫一样,还有几条错综复杂的蜿蜒楼梯,塔楼里有一个偏远的散发着奇怪的气味和声音的校长(院长)办公室,以及一个独立的夹层图书馆,它类似于那个霍格沃茨图书馆的禁书区。

在我顿悟了这个真理以后,其他几块拼图很快就位了。这有点像你看到的那种视觉错位图,看到什么取决于你的角度,远看它可以是一位年轻的女人,俯视它则是一位老太婆。我一辈子都在看那个老太婆,然后突然我就看见了那个年轻的女人。

药理学课相当于药剂课。动物科学是对神奇生物(农业生物)的研究,我想寄生虫学也是对神奇生物的关切吧。毒理学是草药学。小动物医药学是符咒学。麻醉学是黑魔法防御术。临床病理学诊断是占卜学。很明显,在"霍格沃茨",有一些课程并没有开设(大型动物手术、免疫学、组织学等),反之亦然(我脑海中浮现的是飞行术、变形术和魔法史),但考虑到一所学校培养出了兽医,另一所学校培养出了巫师,我认为这种相似之处仍然引人注目。回想起来,即使是教职员工,他们的个人癖好和鲜明的个性也相似到了诡异的程度。而且,我们这里拥有英格兰或苏格兰口音的人也不在少数。

霍格沃茨的学生(和粉丝)被分到了四个分院[1],而西部兽医学院的学生则从西部四个省里被预先分拣出来。我还没有计算出所有的相似等价物,但曼尼托巴省显然是赫奇帕奇学院。绝大多数学生来自其他地方,大多数是第一次远离家乡,这让西部兽医学院与其他大学的学院不同,也让它变得更像霍格沃茨学院。在我这一届里,只有四个同学来自萨斯卡通市本地。尽管大多数同学实际上并不在这幢楼里就寝(注意——我说的是"大多数"),但我们都觉得我们基本上都住在那里,很多人确实住在学院附近,大家一起合租。

然后当你毕业时,你会感觉到自己属于一个鲜为人知的、半隐秘的独立社会。那儿有一个神秘的传说,一种特殊的语言、特殊的技能、诡异的知识,有时,当你从外面往里看的时候,会感受到一种神秘的气氛。当其他兽医和你分享一些外行永远也不会真正理解的东西时,你会立刻产生一种亲切感。而且老实说,有时候你们这些外人对我们来说就像麻瓜,但我是怀着极大的尊重和喜爱才说这话的,我们中的大多数人都更像亚瑟·韦斯莱而不是卢修斯·马尔福[2]哦。

这是我最后一次提到《哈利·波特》。我保证。你可以放心地继续阅读这本书啦。

---

[1] 我显然在拉文克劳。——作者注
[2] 亚瑟·韦斯莱,《哈利·波特》系列小说中的人物,为凤凰社成员,在魔法部禁止滥用麻瓜用品司工作。卢修斯·马尔福,非常擅长黑魔法。——译者注

如果你想成为一名宠物医生

宠物医生们都爱动物。这是一个公认的事实,就像飞行员喜欢飞机,厨师喜欢食物,图书管理员喜欢书籍一样。很多人都爱动物,很多人也拥有想要成为宠物医生的志向。这就促使人们为宠物医生学校为数不多的几个名额而展开激烈竞争,这意味着我们需要非常高的分数才能进入学校。因此,从逻辑上讲,未来的宠物医生队伍应该由那些成绩非常优秀的动物爱好者构成,但有时第三个基本要素却缺失了。事实上,第三个基本要素很少被讨论,但这个要素比其他要素更能影响这些充满激情和理想主义的学生最终是否能够成为仍然保持着一些激情和理想主义的、开心的宠物医生,而不是一些精疲力竭,每天都在愤世嫉俗和后悔,感到幻想破灭了的宠物医生。

第三个要素是对人的爱。任何一个未来的宠物医生专业的学生都可以凭借同样的高分进入专治人类疾病的医学院,但对他们当中的许多人来说,进入兽医学校并不是出于他们对动物的热爱,而且不巧的是恰恰相反,我们可以说,是因为他们和人在一块儿时感到不舒服。这是个问题。我告诉每一个到我们诊所来的预备役兽医专业的学生,兽医或宠物医生不是一门碰巧涉及人的动物生意,而是一门碰巧涉及动物的、关于人的生意。我告诉他们,他们越早理解这一点,就越能接受这一点,接着就能拥抱这一点,并更早地爱上自己的职业。

为什么呢?答案是显而易见的。在狗、猫、荷兰猪、兔子和所有其他动物都具备说话(和付款)能力之前,我们必须通过它们的主人、饲养员和监护人来开展工作。你只能通过与人类进行清晰而富有同情心的交流来帮助动物。而且,即使那位不可思议的怪医杜立德博士[1]今日降临于此,我们仍需要工作人员去处理这些事。工作人员是最靠谱的人。

我已经在我们的专业纪律机构担任很多年主席了,我可以毫不犹豫地证明一件事:比起外科手术技能或医学知识方面的不足来,有更多的宠物医生会因为无法与人类沟通而感到极度沮丧。

一旦你明白了这个道理,你就会发现拥有各种各样怪癖的人们是多么令人难以置信地有趣。你看啊,我们是一个享有特权的职业,因为我们被允许帮助那些往往只有在动物周围才会展现出自己最具人性的一面的人,这太具有讽刺意味了。我无比清楚地记得这事儿

---

[1] 《怪医杜立德》讲述的是一名叫作约翰·杜立德的天生善于与动物沟通的医生,借助其独特技能为许多动物治病,而后成为一代传奇的故事。——译者注

发生在我身上的那一刻时,我突然就明白了这个道理。我正要从诊所的后门进去。那是一个阳光正好的夏日早晨,当我打开门的瞬间,我第一次意识到,我开始期待着见到那些逐渐成为常客的客户,就像我期待见到他们的宠物一样。正是在这个时候,我决定留在医学实践中,不再想回到学校从事我最初计划的医学研究。

尽管如此,对动物的爱仍然是成为宠物医生的关键。我常常想起一张我们多年前从一个小朋友那儿得到的卡片,他用大粗体写道:"我想成为一名大罐子[1]!"是的,我也曾经渴望成为一只巨大的集装箱,但我却成了一名宠物医生,然而我从来没有对这个决定感到过后悔。

---

1 小孩误将兽医"Vet"写成了罐子"Vat"。——译者注

II

宠物医生用药艺术

大概有一英里那么宽

当人们说做宠物医生一定比做医学博士难时，他们通常是通过两个观察下的结论。第一个观察结果是，我们的病人不会说话（作为旁白，我想说这其实并不总是件坏事。在猫咪不说话的情况下，我们都已经很难分辨出主人夫妇口中那些相互矛盾的信息了）。第二个观察结果是，我们必须治疗很多不同种类的物种。当然这对整个宠物医生界来说是合乎情理的，但事实上我们面对的物种并不像吉米·哈利的《万物既伟大又渺小》[1]描述的那样，有十一种那么多。我们之中越来越多的人会把我们的主治对象缩减到一小撮物种身上。当然还是不止一种物种啦！

然而，人们通常考虑不到，又真正困难的（但有趣的）是我们所能负责事务的范围。普通医生的事务通常只涉及家庭医生工作或特定的专业知识，而作为一名全科宠物医生，我是"家庭医生"、内科医生、普通外科医生、牙医、麻醉师、放射学专家、行为学专家、营养学

---

[1] 在大多数兽医看来，吉米·哈利最为畅销的作品应该是《万物都咕噜噜又臭烘烘》。——作者注

专家、肿瘤专家、心脏病专家、眼科专家、皮肤病专家、药剂师、产科医生、儿科医生、老年学专家和丧亲顾问。

我的涉猎领域有一英里那么宽。

然后就像格言里说的那样，很不幸的是，有些时候我在这些领域都像是半桶水在咣当。公平公正地说，我们对各个领域的深入了解情况是不同的。我们中的大多数人对普通医学、内科学和普通外科学领域的了解都十分深入，但在一些其他领域，我们的探索深度超过了普通认知的程度。有三件事可以使我们避免在肤浅的表层玩忽职守：

1）**同事。** 宠物医生们有一个规则：大家得相处融洽。宠物医生们还有一个规则：他们知道自己的极限在哪儿。优势和劣势往往会在一组宠物医生的共同工作中相互平衡，因此宠物医生的那些案例会被更多地讨论和分享。当这些还不够的时候，或者对于那些独立行医的人来说，推荐专家或者在医学实践里有过特殊训练、经验或设备的其他同事给他们是很常见的做法。

2）**继续教育。** 为了让我们的执照持续有效，我们必须参加一些医学会议，那里提供新鲜的资讯和进修课程。上星期我正好因此在佛罗里达参加了一个会议。是的，菲利普，佛罗里达的一个"会议"……在二月份……真的是很方便呢。好吧,在那之后我们确实有段附加的假期,但我得老实说,在会议期间,我们一直处在人工照明、空调烘得极暖的大型演讲厅里,室外的温暖和阳光什么的对我们来说实在太抽象了。但还是很有趣!对你们这些年轻人来说,这儿有个事实可能会让你们十分吃惊:当没有考试、作业或任何压力的时候,学习是非常有趣的。这里面有个讲座特别吸引了我的注意力,还让我笑得不行:"河马医学变得越来越容易了。"遗憾的是我没有论据来解释这句话,但它很好地说明我们的专业所涉猎的领域是多么的广泛。

3)互联网。 在这里,我大声且公开地说明这一点。宠物医生会在网上查资料。然而,我指的不是广泛开放的互联网,而是专门的兽医信息网(Veterinary Information Network),我们也将它简称为"Vin"。对于我的一些病患来说,"Vin"确实是一根救命稻草,这也是其他职业的从业者忌妒我们的地方。这是一个在线订阅服务,它允许我们去访问数十名专家,我们可以公开向他们提出问题。它还有一系列令人印象深刻的工具栏和资源材料,而且,由于它已经运行了大约十五年,它现在拥有了一个庞大的可以用来搜索历史提问的数据库,当然我通常想不出什么可以提出的新问题。这儿有一个秘密:当你感觉你的宠物不太对劲,而你的宠物医生又出于某种原因或借口匆忙离开诊室的时候，那么迅速登录Vin的时机也就来了。

拥有广博的知识能让事情变得有趣，保持肤浅会让事情变得可怕。就像生活中的大多数事情一样，关键在于保持恰到好处的平衡。然后把河马留给专家就好了。

命名

在小动物的医学实习中，一个不起眼的小福利就是可以接触到不断变化的宠物名字。这似乎不算一个真正的福利，但我喜欢研究那些不同的小动物名字，对于不寻常的名字，我会问他们的主人，他们是怎么想出这些名字来的。出于一些显而易见的原因，人们允许自己在宠物的名字上发挥比在孩子的名字上更丰富的创造力。也就是说，这里也有很多重叠的部分，我遇到过不止一个家庭，让我不得不小心翼翼地区分他们家的女儿和小狗的名字，因为，老实说，"贝利"是一个比人名更为常见的狗名（当然我要对你们这些人类的"百莉"致以诚挚的敬意）。

各种各样的宠物名字多得令人叹为观止。我通常会更改我博客中的所有名字，鉴于这次讨论的目的，我相信没有人会反对我在此列出昨天在工作中遇到的所有动物的名字,以为我今天所说的事做一个举例说明:蒂卡、斯内克尔、朱尼、冈纳、西尔维斯特、凯恩、柯比、安娜贝尔、玛吉、奶昔、罂粟、斯图、本、温布利、里柯和城堡。这些是很典型的宠物名字。没什么太疯狂的意图,但很明显包含很多想法和一些创造力。每只动物都会有一个适合自己的名字。

一些常见的名字很容易被快速联想起来——虎虎是一只虎斑猫,小黑是一条黑色的拉布拉多犬——但许多动物的名字可能都曾卷入家庭内部的一番唇枪舌战。对于那些经历过这些事的人来说,起一个名字是很难的,你起初有点不确定,现在回想起来那似乎是不可避免的,但后来名字起得还挺完美,这个过程是不是很有趣?这些甚至也发生在那些从客观上来看不太合适的名字上。我有一个找我看病好几年的、叫鲍勃的小猫病患。鲍勃是个女孩。当鲍勃的主人抓住他的时候,他们被告知他是个"她",他们也没想着再确认一下。当他们带鲍勃来给她打第一针的时候,我不得不告诉他们这个消息,但在某种程度上,她的名字已经被固定下来了。他们并没有试图把她的名字进行女性化的转换,变成"鲍比"或"萝伯塔",而是说她仍然"看起来像一只鲍勃"。然后你知道什么吗?他们是对的。我现在无法想象她会被叫成别的什么名字。

我自己的狗的名字是奥比特,我们尝试起了其他几个名字,感觉不太对劲,后来才想出这个来。有一天,我们看着他像只小火箭似的盘旋在房子周围,然后我们开始说人造卫星"伴侣号"[1]的事。是的,我知道,这种联想在很多方面都是错的,但这确实使我们继续围绕这个主题进行探究,奥比特(轨道)这个名字就从中诞生了。这帮助奥比特吃掉了所有自己所看见的东西。在我们成长的曼尼托巴省,路边垃圾箱被称为"轨道",于是就有了"将你的垃圾放进轨道"这样的话。

我们的第一只猫——露西,是由我女儿在德国的第二位表弟给她留下了深刻的印象之后命名的。不久之后,我们得到了第二只猫,伊莎贝尔认为这只猫也应该有一个德国名字。为了公平和对称,你懂的。许多名字都被她考虑了一遍并全部放弃,直到给她起名为加布里埃拉(Gabriella),之后"加布里埃拉"变成了"加比"。

当然,最好玩儿的就是那些奇怪的和有趣的名字。不巧的是,一般情况下虽然我的记忆力真的很好,但是在提到名字的时候却发生了些小故障。它们似乎定居在一个精神上的袜子抽屉里。所以当我原本想表达一些类似于"我所遇到过的二十个有趣又怪异的宠物名字"时,我呆坐在那儿半晌,却只能想出三个。

---

[1] 苏联发射的人类第一颗人造卫星。这颗卫星于1957年10月4日发射升空。——译者注

没有特别的顺序,它们是:

1)罗素·伯特兰——就好像,猫的名字是罗素,主人的姓氏是伯特兰。这只猫的名字给我逗坏了,这有力地说明了我的怪口味。与此恰好相反的是,伯特兰·罗素(Bertrand Russell)是英国著名的哲学家、作家和诺贝尔奖获得者,他生活在1872年至1970年。最棒的部分是,猫咪的主人似乎并不知道这个巧合,每当我哈哈大笑着说:"哈哈哈!罗素·伯特兰!太好了!"他们都会以一种很奇特的表情看着我。

2)马克西米利安·桑巴-袜子团——另一只猫的名字。我不知道为什么,但是多年以后,这只猫的名字仍然能让我捧腹大笑。这个离奇的名字完美地适用于他。马克西米利安·桑巴-袜子团只能是马克西米利安·桑巴-袜子团。

3)撒旦(魔鬼)[1]——他们觉得给他们的小黑卷毛狗取名为撒旦(魔鬼)很好笑。至少,他们觉得这很搞笑,直到他们发现他习惯于在晚上消失在他们大院子的深处,以至于他们不得不经常反复大声地叫狗回家:"魔鬼!魔鬼,快过来!"

---

1 在西方文化中,撒旦即魔鬼。——译者注

并不匹配

在一些互联网上的具有权威地位的观点中,有一种认为,一些主人看起来长得像他们的宠物。老实说,在大多数情况下,他们只是看起来在毛发上有一些相似之处,而且当他们恰好具有(或者,更可能的是,被特意指导摆出)相似的面部表情时被拍下了照片。你在土豆上放些假发,就可以轻松找出一些看起来像土豆的人的照片。话虽这么说,但肯定有一些矮胖的、面部扁平的人养着矮胖的、面部扁平的狗,就像有一些高大优雅、长着长鼻子的人养着高大优雅、长着长鼻子的狗。然而,我们可以肯定地说,绝大多数人长得根本不像他们的宠物。这点你们都会赞同的,这是一件好事。

比与宠物相配的主人更有趣的,也让我印象更加深刻的是那些在外观和气质上都和自家宠物大相径庭的主人。毋庸置疑的是,宠物医生会看到各种各样的人和动物的组合,但真正能扎根在我们记忆里的是那些看似最不可能的。我将与你们分享两个不匹配的组合的小故事。

第一对是蒂姆和明迪。蒂姆是主人,明迪是狗。弄清楚这一点很重要，因为我都记不清有多少次，不小心用宠物的名字去叫主人了，反之亦然。如果你给宠物起了一个人名，那么你已经被预先警告了接下来可能发生的事。但是我跑题了。蒂姆以其巨大的体型，有力的握手，大声的、夹带着脏字的说话风格以及令人印象深刻的、满身模糊不清的蓝色文身给人留下了难以磨灭的第一印象，那些文身让人怀疑它们是在监狱里被烙上的。但是，众所周知，第一印象可能会误导我们。

两个事实立即出现，与他的形象背道而驰。首先，蒂姆表现得非常友好，也非常渴望学习他所能学习的一切关于照顾他的宠物的知识。其次，明迪是一只安静的小母西施犬，她被精心梳洗过的皮毛上打着粉红色的蝴蝶结。但蒂姆身上却没有任何一个对应的装饰，他也没有特别精心地打扮。他们彼此一点也不相像。事实上，他们大可以被认为是截然不同的两种类型。

蒂姆是一名长途货车司机，而明迪是他在路上的伙伴。"和我一起去过四十三个州和八个省呢！"看来明迪也是他唯一的家眷。看到蒂姆从对我的盛气凌人、吵吵嚷嚷立刻转变为对她温柔而冷静的态度，我既感到吃惊又感到分外温暖。在我向他解释一些事情的时候，他会温柔地、反复地亲吻明迪的头顶，不在意别人的眼光。几乎每个人都爱他们的宠物，但蒂姆对明迪的全心全意却自成一派。到现在为止，我们所有的成年人都知道，爱是一种让人无法预测和判断的奇怪事物。上述故事就是一个非常棒的例子。

我通常在每年早春的时候会去看一次明迪，给她做个常规检查，也确保她的注射和证件都符合规定，以便于她频繁越境旅行。蒂姆也是为数不多的坚持给宠物做常规血液检查以保证宠物的各项器官功能正常运转的客户之一。他解释说，他是想让自己安心，并追问我是否还可以做什么来确保明迪的健康。得到明迪的那一刻他就戒烟了，因为他担心二手烟对她有害，他会计划在最适合她走路的地方停下来休息。我说过他是全心全意对她好，我是认真的。

你们可能会为这个故事的结局忧心，但是幸运的是，据我所知，明迪在我撰写本文时仍然健康，而且我希望明年能再见到她。或许有一天，可能会有一个来自阿拉巴马州或亚利桑那州的撕心裂肺的电话，但还没有发生这种事，而且我告诉你们，我甚至都不想去想这一幕。

第二对不匹配的是艾布拉姆斯太太和麦克斯。麦克斯是一只德国牧羊犬，实际上，"麦克斯"总是德国牧羊犬的名字，除非他是个拳击手或一只黑猫。我选择这对作为第二个故事，是因为在很多方面，它都与蒂姆和明迪的关系恰恰相反。艾布拉姆斯太太身材小巧、安静、年迈，且看上去很脆弱，麦克斯却又大又吵闹还暴躁。他的体重和艾布拉姆斯太太一样重,甚至可能更沉。她的儿子将他交给了她,以给她防身。

我想这还是挺有效的,因为只要是艾布拉姆斯太太以外的人朝他走去,麦克斯都会激烈地猛扑上去并大叫。实际上,每当风将一小块塑料片吹向他的时候,他都会激烈地这么做。幸运的是,他是一个典型的"叫狗不咬,咬狗不叫"的例子,所以我们也没必要去怕他。但不巧的是,他的猛扑行为让艾布拉姆斯太太在遛他的时候遭遇了危险。

有一天,她进来时手腕上戴着石膏。麦克斯又把她拉倒了。显然他是看到了一只让他特别生气的小松鼠。艾布拉姆斯太太总是为他这种行为轻声笑着找借口,说"狗就是得有狗样儿嘛"这种话。在我解决了他被带来时的皮疹问题之后,我和她谈了谈关于更安全地遛麦克斯的选择。我以前和她谈过这个,提到过给他套上有狗笼头的项圈和训练方法,但回答总是一样的。她总是用轻柔的声音说道:"哦不,他不会喜欢的。"我们的讨论便到此为止。起决定性因素的总是麦克斯喜欢与否。

最后事情发展到了麦克斯在屋里大便的地步。这里当然也有借口,任何会给麦克斯带来不便的训练都会被置之不理。她会对着麦克斯微笑,就像世界上所有的光都是从他身上散发出来的一样。就像蒂姆和明迪一样,这显然也是爱,这样的爱不应该被评头论足,但我的天啊,这让我很难不去批评。麦克斯显然不适合她,不合适的体型,不合适的脾气,不合适的品种,不合适的一切。但她觉得和他在一起很安全,而且她全心全意地爱着他,这两件事显然让她觉得自己断了手腕或地毯粘了粪便都不过是无足轻重的小麻烦罢了。

当麦克斯最终去世时,我想我不会再见到艾布拉姆斯太太了,她似乎是老得不能再老了。令人悲伤的是,在许多人的生活中,在那么一段时间里去照顾动物实在是太困难了。当听到她又为了一只新宠物预约时,我惊讶极了。也许是一只猫,我想,或者是一只小约克夏呗?不,又是一只德国牧羊犬,它也叫麦克斯。

超音速章鱼

6月1日

第一位接待员:"菲利普,帕特森太太迟到了,我可以把邱先生插到前面来吗?"

"嗯,当然。"我正沿着大厅小跑,希望能用我的电脑查到相关的文件。

然后我突然想到了一件事,"邱先生?我不记得日程表上有他呀。"

"是的,他是临时挤进来的。基勒昏过去了,而且他说,'有东西正从基勒身体里涌出来!'"

"哦,好吧。"我掉了个头,走向检查室。

第二个接待员:"帕特森太太刚刚出现了。她道了歉,她说迟到是因为交通堵塞,但她今天必须要见到你。你的下一个预约客户也在这儿呢,他们到得有点早。"

"好吧,我这就赶紧去快速地看眼基勒,然后我再去看帕特森太太的狗。"

第一位技术专家:"菲利普,你能到后面来一下吗?我想渡渡是癫痫发作了。"

第三位接待员:"请您先接一下这个电话好吗?威尔逊太太说,她已经留了三条信息,在他们回小别墅之前,她必须立刻和您谈谈。"

"嗯。"

第一个接待员又回来了:"在你去见邱和帕特森之前,萨姆森一家要来拿你告诉他们你已经准备好了的处方。"

第一位同事:"菲利普,你这儿能快速地插一个超声波检查吗?我感觉巴兹·弗斯的身体有点内出血。"

第二位技术专家:"巴兹的主人们现在都过来看他呢,他们想知道到底怎么回事。你给他做过超声波检查吗?"

第二位接待员又说:"我给帕特森太太安排上了,她也带上了她的另一只狗,希望你在看完布鲁斯的慢性腹泻后,有时间和她商量一下布伦特的慢性皮肤病,他的皮肤病越来越严重了。"(是的,一对叫布鲁斯和布伦特的公鸡。)

第三位接待员又来了:"在您和威尔逊太太谈话之前,您能不能迅速回答一下上次预约的问题?施密特先生还在柜台这儿给他的妻子打电话,她正在提醒他应该问些什么问题。"

我已经两个小时没查过电话留言了,三个小时没写文件了。我上班后就没去过洗手间。然后我的大脑开始液化,我瘫倒在了地板上的一堆乱七八糟的东西里。

好吧,最后一点不是真的,不完全是。第一句话也具有误导性——6月1日确实是我们超级忙碌的、心丝虫病集中爆发的日子,但我今天不在诊所。今天是我的休息日,今天我在修剪草坪、喝啤酒,写这篇文章。

当孩子们还小的时候,他们会用一系列复杂的、只带有部分内容的请求不停地轰炸我,我会跟他们开玩笑说我不是一只"超音速章鱼",每年的这个时候我都会想起这个表达。

公共服务公告附言:

给你的狗吃预防心丝虫病的药是很重要的事。但是，是不是一定要在6月1日这天（或在由您所在的地区推荐的任何时候）给药并不重要。请不要惊慌失措地在今明两天给诊所打电话。只要在第一次被蚊虫叮咬后的一个月内服用第一剂，药的效果还是很好的。在造成任何伤害之前，这些药物会杀死血液中的第一个尚处在幼虫阶段的心丝虫。

一封致公园里的客户的公开信，我忘了他的名字

尊敬的客户：

名字会想起来的。再给我一点时间，它就会来找我的。但同时，我也要道歉，这对我们俩来说显然都很尴尬。你友好而真诚地说："嗨，肖特医生！"然后我说了一句本应同等友好的，却略显冷淡的"嗨"。

我肯定认出你了。我只是记不起你的名字，还有你宠物的名字，还有你的宠物，他们是什么物种，他们是否还活着。所以我只好换成"他（这里补充宠物的名字）怎么样"和"你最近怎么样"，这当然可以，但是没那么地道。我希望你能带着你的狗，那会有助于唤起我的

记忆。那会是个提示吗？但也许你没养狗。

尴尬的是，当你停下来不再说话以后，很明显我应该介绍一下我家人的近况了。从你的脸上我可以看出你已经意识到我不记得你的名字了。你是一个和蔼可亲、善解人意的人，所以你没有受到伤害或感到失望；相反，你感到很难过，因为你让我不得不去努力回忆。我忘记了让你感到最为难过的事，对此，我也感到难过。现在你因我很难过而感到难过……唉，别在意这些了。

事情是这样的。我相信你除了善良和善解人意之外还很聪明，你已经知道这一点了，但这仍然需要解释。问题是你的大脑里有一个标有"宠物医生"的盒子、一个标有"牙医"的盒子、一个标有"钢琴老师"的盒子等。每一个盒子里都有一个或者几个名字和几张人脸。你能很轻松地就把这些名字和人脸联系起来。我脑子里有一个标有"客户"的盒子，里面有六千多个名字和六千多张人脸。我记性不错，但是……好吧，你懂的。

不过，你一定不想成为那些我能将他们的名字和面孔配对的人中的任何一个。就像报纸上刊登的坏消息远远多于好消息一样，当有坏事发生的时候，很多名字就会与人脸联系在一起。它们就是更容易被记住。

所以如果我真的记得你的名字，这通常意味着两种情况：你是员工们一直在谈论的那些古怪的客户之一,或者你的宠物总是生病或病得太重了。

换句话说,你应该为我不记得你的名字感到高兴。但请多给我一点时间,我会记住它的,它就在我的舌尖上。就像你想记住那个电影里的女演员叫什么名字,以前她和另一部电影里的那个叫什么名字的男演员结婚一样,你知道吗?对,是的,就是那个人。

再次向你道歉。

你真诚的

菲利普·肖特博士

请用英语重复一遍

每一个宠物医生都会时不时地听到客户的这个回答。我们刚刚煞费苦心地向客户解释了一个复杂的医疗状况,然后,在短暂的沉默过后,客户说道:"请用英语重复一遍!"

我们没能沟通清楚。我们使用了些行话,或者至少我们使用了一些在我们看来不是行话,但在客户看来显然是行话的词语。

为什么会发生这种事?有三个原因:

1)当我们开始做实习医生的时候,我们有时候会用些生僻词和复杂的解释来展示我们的知识,以赢得客户对我们能力的信任。 1990年毕业时,我看起来很年轻。我经常被叫作"天才小医生"[1](参考资料本身就会告诉你那是多久以前的事了)。因此,我试图用拉丁语给人留下深刻印象。听着,我真的是个医生!我不会再那样做了,我也不需要了,现在我被称为"老家伙"。我还没想好哪个更好。

2)我们不想让客户情绪低落继而感到被冒犯。 在现实中,只有特定的一些人会受到冒犯,然后你无论如何都没有办法取悦他们。大多数喜欢你用更多技术性语言的客户都会礼貌地告诉你,而且他们往往会因为有机会告诉你实情而感到高兴。

3)我们有"知识的诅咒"。 这是最大的,也是最难克服的问题。几年前,斯坦福大学的一名研究人员进行了一项实验,她让人们敲出一首著名歌曲的节奏,比如《生日快乐》或《玛丽有一只小羊羔》,然后让其他人根据敲出的节奏猜想这首歌的名字。那些敲击者预测会有50%的听众能够正确地猜出答案。但现实是,只有2%的听众听了出来。那些敲击者就是拥有那种"知识的诅咒"的人。在敲击乐进行

---

[1] 《天才小医生》是一部由斯蒂芬·克雷格(Stephen Cragg)执导,尼尔·帕特里克·哈里斯(Neil Patrick Harris)主演的剧情类喜剧片,影片主要讲述了天才少年同样有烦恼的故事。——译者注

时,他们绝不可能听不到自己脑海中的旋律,然后,下面就是关键点了——同样地,他们也很难想象某个人听不到与自己听到的声音相同的声音。一旦你知道了一些事,你就很难去重新建立你过去不知道这件事时的心态。

因此,兽医们无法再将自己置身于那些不知道结肠和十二指肠的区别、抗生素和抗炎剂的区别,或是,我最喜欢的,腹部与胃之间的区别的人们的思维中了。我们并不孤独,所有的专业人员都可以这样做。实际上,所有具有专业知识的人都可以这么做。

我们该怎么办?如果我们有一串固定的套话,我们应该在我们毫无戒心的家人或朋友之间进行尝试。我们应该尽可能多地使自己陷入这种未知的心态里。就我而言,我正在尝试学习演奏大扬琴(是的,是的,什么都行),而且每当我的音乐上的朋友开始谈论"关键在于……"和"四分音符"之类的东西时,它们都有"知识的诅咒",我感觉自己就像一个戴着毛线帽,流着口水,在街上散发传单的家伙,这让我觉得卑微。这给了我同理心,而同理心是有效沟通的关键要素。

我来以一件逸事作为结束。几年前,一位老太太带着一只白色的毛茸茸的小狗进来了。我们就叫她温特博顿太太和狗狗普莉西拉吧。温特博顿太太是一位穿着非常优雅的女士,她穿着一件漂亮的夏日连衣裙,与之相配的鞋子、手提包,甚至帽子都恰到好处。她说话很得体,也非常有礼貌。

"温特博顿太太,我们需要在普莉西拉身上做个粪便取样。"

老太太一脸茫然。

"我想做个便常规检查。"

还是一脸茫然。

"嗯,所以,你看你能不能在她……嗯……排便的时候取一点儿?"

她开始理解并回赠了一个大大的微笑。"你是说把她的屎带过来!"

的确,我想我还是使用"排便"这个词吧。

为什么直到现在医生都还没给我打电话?

我父亲是因脑癌走向死亡的。他的左前额叶皮质切除了一个胶质母细胞瘤,并被判定只剩几个月的寿命。他的智力并没有受到损害,但他的判断力和社交风度被彻底击垮了。医生告诉我他们用吸管切除了肿瘤,我父亲高兴地指着额头上的大疤痕,大声告诉陌生人他的大脑被真空吸尘器切除了。还有一些令人惊讶的轻松时刻,但除此之外,其他的时候都很凄凉。他得这种病实在是太早了,我们还没做好失去他的准备,一点准备都没有。

手术几周后,他的一种药物出现了问题。我记不清是哪一种药还是别的什么原因了,但我记得我非常担心。那不是什么紧急情况,但问题在我的脑海中呈螺旋式增长,因此我打电话向他的肿瘤专家询问这事。他当时没法接电话,所以他的接线员让我留了言。十分钟过去了,然后是二十、三十、四十、五十……当整整一个小时过去的时候,我已经检查了两次电话以确保它正常运转。而且我的步子变得跟得了强迫症似的,我看不下书,我听不见音乐,我不能专心做家务。我什么都想不了,除了反复地问自己,"为什么他还没给我回电话?!?!"

"为什么?!?!"

"这不就一分钟的事吗!"

两小时过去了,我的声调变沉了。那些日子我特别容易发怒。"我真的不敢相信!他就抽不出一分钟去帮一个垂死的人吗?!"

"这个傲慢的浑蛋!"

我简直疯了。我又留言了,试图让自己的声音听起来像冰冷的钢铁,闪烁着讽刺的愤怒,但至少又过了一个小时他才打来电话。我发现他语气和善且充满了同理心,这让我消了气。他花了足够的时间准确回答了我的问题,然后问题就解决了。

这么多年过去了,当我想起那天自己的反应时,我仍然感到十分难为情。我之所以如此,一方面是我认识到当时我变成了另外一个人,另一方面是我想象了一下自己的客户在我迟迟不回电话时的感受。我知道大多数人都是理智并且富有同情心的,但我知道有些人一定和我一样:处于脆弱和不太理智的情绪化状态里,或者可能只是不了解繁忙的临床环境里的工作流程。

所以,对后一类人来说,我们经常是"忙碌的类型",这可能是需要解释的。在一些工作中,做一件事就够你忙的了。你面前有一个重要的任务,它完全占用了你的时间,但你可以定期从中休息,以便在其他事情发生时迅速处理它们。宠物医生(可能还有人类医学的医生)的做法不是这样的。在整个轮班过程中,我们通常有许多同时需要我们注意的事情。我们经常处于患者鉴别分类模式中,我们需要厘清事情的主次,以便让那一小部分有紧急问题的人的等待时长降至最短。

此外,特别是对电话信息,在某些情况下,我们甚至可能要过几个小时才能看到,更不用说尝试着将其纳入我们的患者鉴别分类里。另一个因素是,无论是对客户还是医生来说,预估一通电话的时长绝非易事,因此我们有时不愿意冒着被卷入长时间谈话的风险,并将其留到我们的日程安排有空缺或轮班结束的时候才处理。我几乎可以肯定我父亲的肿瘤专家就是这样的。这通电话肯定要比一分钟长,所以他很聪明地把它留到了一天结束的时候。

因此,为了减少双方的压力,这里有一个"如何联系您的宠物医生"小贴士:

1)无论如何,如果有任何问题,请打电话给我。

2)如果你觉得这个问题很紧急,就告诉接待员。

3)问出一个大致的医生回电时间。

4)请确保接待员知道打哪个电话号码能够找到你。除了家庭固定电话以外,许多文件还列出了多个家庭成员的多个办公号码和手机号码。

5)请确认你是否说明了你不方便接电话的时间。

6)请谨慎地发送电子邮件,除非你愿意等上一到两天的回复时间。但有时我们会很快地回复电子邮件。由于各种实际原因,电子邮件并没有得到我们的高度重视。

孤独的斑马

当我把埃迪的毛皮分开，检查威廉森先生担心的肿块时，埃迪紧张地喘息着。正当我准备说两句的时候，威廉森先生问了我一个不可避免的问题："你以前见过这样的东西吗？"

对此我回答："是的，我见过。很多次。事实上是每天都有，但这并不意味着什么。"然后我简短地解释了一下我为什么这么说。由于现在你们和我都有更多的时间，而且你们可能比起一般人来说对这些事情更感兴趣，我将在这里更详细地解释一下我为什么这么说。

首先，人类擅长识别模式。这在很大程度上是件好事，这也是我们的远祖能够避免在非洲大草原上被吃掉的原因之一。无论是有意识的还是无意识的，我们的大脑都与过往经验中的新事物紧密相连。那种在高高的草丛中沙沙作响的声音？可能是狮子。最好保持安静，慢慢地撤退。

然而，在医学诊断中，模式识别是一个难题。有些症状我们称之为病理学，这意味着它们特定地针对一种疾病，但绝大多数并不是。红眼可能是由几十种情况造成的，咳嗽背后还有很多原因，胃口不好也可以有成百上千种解释。在兽医学校，他们试图击溃我们的模式识别体系，代之以"面向问题"的诊断过程。我不会解释那是个什么玩意儿。相信我，那件事无聊但很重要。

埃迪的肿块很小，在皮肤下摸起来松松垮垮的，轮廓光滑，有轻微的弹性。模式识别表明，这是脂肪瘤，一种良性生长的脂肪。但只是"几乎可以肯定"。埃迪以前从未有过这样的肿瘤——大多数患有脂肪瘤的狗都有过类似的肿瘤，所以我很小心地不掉入这个陷阱，因为一种叫作肥大细胞瘤的肿瘤会给人十分相似的触感。我建议用针收集一些细胞。埃迪对这件事感觉还好，因为他更担心我会给他修剪指甲，他生平最讨厌的就是剪指甲了。用针吸出来的都是些生成的脂肪细胞，谢天谢地那是个良性脂肪瘤。

那么，文章标题中注明斑马是怎么回事？如果你读这篇文章是希望了解一个古怪病患的故事，我表示抱歉，没有，没有人向我咨询过他们的斑马的问题。这是件好事。相反，我指的是教给每一个医学学生和兽医学学生的一句古老格言，它强调了这个问题的另一面："当你听到马蹄声的时候，想想马而不是斑马。"换言之，尽管一系列症状可能是一种奇怪的罕见疾病导致的，但也有可能是常见疾病之所为，我是说，那会更普遍，就像马比斑马更常见一样。因此，宠物医生必须保持一定的平衡能力和判断力的训练，并且避免让一大堆可怕的,伴随而来的一系列昂贵的诊断项目把宠物的主人们吓得魂飞魄散。

平衡,判断,棘手的事情。不要迷恋那些斑马,但也不要忽视它们。

对你们的宠物医生好点儿

我进入这个行业是因为动物,我留下来是因为人类。不是因为动物变得不那么令人快乐了——远远不是这样的,而是因为人们变得更令人快乐了。或者更准确地说,我享受和人在一起的能力有所提高。不管怎样,正是与客户的互动造就或打破了大多数宠物医生的职业生涯。为了说明这一点,这里列出了一系列可以让客户更友善地与宠物医生交流并提高关键性互动效果的七种方式(从最傻的到最严肃的):

1)当我使用听诊器时,请不要和我说话。它是一个听诊设备。我不能同时听两种声音,也不能合理地同时了解两件事,一加一等于零。你可以自-己-在-家-试-着-玩--下,试着认真听你的朋友在电话里悄声说什么,但同时听你蹒跚学步的孩子讲一个关于浴室的故事。

2）如果我告诉你你的宠物超重了,请不要觉得它是对你个人的冒犯。 一个客户曾经威胁说,要揍我的一个说他宠物超重的合伙人。那仅仅是对可衡量事实的客观陈述。我不是在评判你,我有一只排球形状的猫,我懂的。

3）请避免在你预约了一个简单的耳朵检查项目后再告诉我你宠物的多种慢性疾病。 我的日程安排一般都满了,而且接待员已经在她了解了你这次来访的目的后为你安排了足够多的时间。通常我很乐意讨论对于多种慢性疾病的担忧,但我们确实需要在预订时提醒你一下,以便为你留出足够的时间。这种进度落后的多米诺骨牌效应会让愉快的一天(阳光!兔兔们!玫瑰花花!)变成地狱般的模拟战斗(黑暗!恐怖!混乱!)。

4）请不要随意地出现在我面前,希望抓住我"在我看起来有一分钟空闲时"的机会问我一些问题。 我从来没有一分钟不被安排得满满当当的(见上文),我实在是出于礼貌才没有告诉你这些。如果我把这段对话挤进我的安排,那么也就会把我的预约日程的进度延后(再看一眼上文)。如果你的问题并不紧急,请去预约,留个电话留言或写封电子邮件。

5）在你拒绝了我推荐的大多数测试后，请不要问为什么我检查不出你的宠物到底有什么问题。 每一组症状和体检结果都有几十种可能的原因。

6）请不要把奇闻逸事和统计数据混为一谈。 你根据一些逸事来决定你宠物的健康状况，就像我开始酗酒和抽烟是因为我祖父每天都能一个人喝下一整瓶酒，而且抽烟抽得很多，并且健健康康地活到了九十三岁（事实上，这是一个真实的故事）。所以，当我说"疫苗被医学证明对预防疾病非常有效"（统计数据）时，不要回答"我们农场的狗从来没有去打过疫苗，而且它们已经很老了"（奇闻逸事）。当统计数据被用来误导大众的时候，它的名声就会变得很差，但是没有它们，我们仍然可能会在任何状况发生的时候去吟诵祷文、杀鸡献祭。

7）当你已经下定决心带你的宠物去接受安乐死的时候，请不要告诉我你已经"尝试了一切"。 你其实真正做的只是"尝试了你和你曾经在狗舍工作的、邻居的女儿所能想到的一切，以及在谷歌首页热点上搜到的一切"。如果你在事情发展到这一步之前就能和我联系一下，也许我能帮上忙。我们永远不会知道了，不是吗？这点让我非常伤心。

但谁想这么伤心啊？

幸运的是,上述情况只适用于少数客户,所以我并不总是感到伤心。我从来没有被客户揍过,而且我喝酒只喝一点哦。

丑陋的

好的

毛茸茸的小猫咪,摇摇尾巴的小狗狗,棘手的案子解决了,挽救了生命,掌握了棘手的程序,感激涕零的客户,快乐的员工,所有的约会都能准时进行,等等。我刚才有没有提到毛茸茸的小猫咪?

坏的

尖叫的猫,咬人的狗,偏离常规轨道的事实,生命逝去,手术失败,愤怒的客户,脾气暴躁的工作人员,三次预约都不来,等等,太多了。

丑陋的

这就是我今天想说的。简要地说说吧,只是因为我太气愤了。"丑陋的"客户不仅怒气冲冲,而且会无理取闹,充满破坏欲并且满口污言秽语。

在过去，我可能会把他们放在"坏的"部分，因为通常这些剑拔弩张的冲突都是面对面的，或多或少都是私下进行的，而且很快就结束了。现在，这些满口污言秽语的客户能通过社交媒体和宠物医生评分网站变成巨魔，并在网上持续地向公众喷射他们的毒液。谢天谢地，这种情况极为罕见，但即使是这样，也会对宠物医生平静的心态产生极大的影响。这些人通常都有心理健康问题，大多数读者在看他们的言论的时候都会发现这一点，但即使是最荒谬的诽谤，一旦出现了，也会产生一些实际影响。我一直很庆幸没遇到过这种事，但最近我的几个同事受到了这样的攻击。

也许社交媒体和评分网站最终会找到一种方法来解决这种问题，但同时，如果你喜欢你的宠物医生，你所能做出的最友好的事就是登录谷歌、脸书网和北美（在线）宠物诊所评价网等网站，写一些正面的评论，并附上一两只毛茸茸的小猫咪的照片。

所有的怪人

但现在是该高兴的时候了。幸运的是，对于每一个举止丑陋的客户来说，至少有一种虽然古怪，但最终不会造成任何伤害的娱乐方式。在我的博客上,到目前为止最受欢迎的帖子是最沉重且最黑暗的。我不知道对它如何是好,它没有真实地反映医学临床中的情况,临床是一种混合着快乐与悲伤、乐趣与压力、沉重与轻盈的摇摇晃晃的日常。

正如我之前提到的那样,从根本上来讲,兽医学基本上是关于动物的医学,但它可能远比你想象中的更多地涉及人类。这个世界上到处都是有趣的人,而那些最有趣的人似乎都拥有自己的动物。这就是为什么宠物医生们会成为超棒的晚宴客人,他们往往有一些超棒的关于怪人的故事。

没有特别的顺序,以下就是我古怪名人堂的入选者及其逸事。

那位在他心爱的雪貂死后把它冻干了的年轻人,让它以他所描述的"英雄姿态"登上了壁炉台。

那位为她那只非常健康的在一大摞落叶上排泄的猫,写出了极尽翔实之能事的日记的老太太,向我大声朗读她的猫近两个月的情况:"在3月13日早上的6点3分,他排了一次常规大小的大便……"

那位由于公交车司机不让他上车而错过了预约的男人,当时他把他生病了的四-英-尺-长的球蟒披在了肩上。

那位打电话来是因为她想让我和她的金丝雀说话的女人,我不知道该如何回应,我同意了。有一次,那只小鸟显然被带到了电话

旁,我说:"你好呀,你好吗?"用了一种适合被形容成试探性的声音。电话的那一端有微弱的啁啾声,那女人向我道了谢然后挂了电话。

那位在狗接受安乐死后第二天来看望她死去的狗,以便在火葬场工作人员把他带走之前给他梳洗梳洗的女人。那是一只很大的狗。她给他洗澡,给他搓了洗发水,吹干了他,还给他梳了梳毛,一直哼着歌。那真的很怪异,但也令人心碎。

那位解开她的裤子扣的年轻女人,说她想让我告诉她是不是跳蚤咬的她。我拒绝了,说所有的虫咬的痕迹看起来都一样。

那位带着虎皮鹦鹉进来的女人想知道为什么他不唱歌也不进食。他已经死了。

那对惊奇地发现他们的小猫咪怀孕了的夫妇。"怎么会这样?她根本不出门啊,她身边唯一的雄性就是她的哥哥!"(我相信每个兽医都至少遇到过一次这种情况)

那位打电话时说话声音特别尖的女人:"我一直有闻到癌症气味的能力,我所有的朋友都说我能闻到癌症的味道,然后我闻到了比利身上癌症的气味。我想把他带过来,这样你就可以找到癌症源头然后把它处理掉。"

至于最后一个嘛,你可能不想大声地念给孩子们听:

那位长着一张极其"正经"脸的女人,问性病是否可以在人类和狗之间传播。

所以到最后,你应该庆幸你没有自己想象中的那么古怪。

一份宠物医生账单的解析

马洛伊先生是那种快乐的老家伙,他戴着一顶迷彩帽,挺着的大肚子上顶着两条红色的背带。他还是那种喜欢讲蹩脚笑话的人,你知道那种类型的人,有点烦人,但也有点可爱。

一天,他在柜台付账时说:"我的亲娘嘞!一百块钱?你在跟我开玩笑吗?我现在付的钱是不是都能让你们医院开一个分店!"在这个柜台的另一端,程女士正在支付她的一千五百美元,并悄悄地和接待员交换了一个"你懂的"的微笑。

如果我们为每一位觉得自己花钱给宠物诊所开了分店的客户都分配了一家分店,那么现在我们的规模已经相当于五角大楼了(此外,宠物诊所通常没有"分店")。但是我懂的,对很多人来说,宠物用药是很贵的。

我的一些同行反驳了这一说法,说我们只需看看牙医和水管工的账单,就知道我们这个行业的收费并不是那么高。不,牙医和水管工同样也很贵,就像我们一样。现代生活成本大多十分高昂,对于很多从收入来源到生活支出都靠支票度过的人来说(2017年有47%的加拿大人如此生活),一张由宠物医生(或牙科,或管道)开出的五百美元的账单会超出他们的意料,让他们感到非常棘手,而一张两千美元的意外账单则是一场潜在的金融灾难。

既然现在我们已经确认了宠物用药是"昂贵的",让我们关注一下它为什么如此吧。一个原因是,我们已经迅速发展到了这样一个节点:我们的护理标准与人类医疗相比是很不错的。关于这一演变的对与错的争论以及这样做的原因最好留给另一个讨论,但事实仍然是,我们现在实行的是接近"人类水平"的医药学问诊,因此相应地就有一些"人类水平"的开支。这里没有什么特殊的兽医级的缝合线、导管、药片、电脑、租金或教育之类的东西。事实上,在药品和设备方面,我们付出的更多,因为我们无法获得人类医院所拥有的那种程度的折扣。值得注意的一件有趣的事情是,美国人抱怨宠物看病费用的次数比加拿大人少,因为他们知道人类的医疗费用究竟几何。

在临床实践者的词典中有许多可怕的词语——"审计""诉讼""管道爆裂""服务器崩溃",但其中最可怕的词语是"日常开销"。其他的都是可以避免的,日常支出却不是如此,而且在一些临床实践中,它可以吞噬宠物主人几乎所有的收入。在我的诊所里,我计算了一下，光是让灯开着、门开着、物资储备着和非医生员工存在着，每小时就需要花费四百美元。这还是在没有计算任何一个医生的工资的情况下。在繁忙的季节里，这部分支出很容易被收入覆盖过去，但在低迷的一月，当你能听到候诊室里那熟悉的提示音时，你可能会看到我正木讷地盯着银行余额和信贷额度。我甚至可能在咬我的手指甲。

那么你的钱去哪儿了？在我们的临床实践中，一般来说，你每花1美元，大约有25美分用于支付医生的工资和福利，21美分用于支付其他员工的工资和福利，27美分用于支付药品、设备、实验室费用等可变成本，15美分用于支付固定成本，比如租金、计算机、水电费、会计费、维修费等。显然，这在不同的服务中有很大的不同，而且每年也有些许的变动。我们的宠物医生是靠工资生活的，所以25美分并不直接给他们，但在一些实际情况中，宠物医生的报酬按营业额的一定比例来核算。

你们中数学精明的人会发现少了12美分。这是理论上的利润，或者，更准确地来说，我们密切地注视着我们的日常支出，投资的回报是由所有者（在我们的临床中有七个医生）一起来分的。我们这些拥有诊所的人必须拿出巨额的贷款来购买它们，如果是在新诊所里，则需要开拓、设立投资渠道，所以这笔钱须用于慢慢偿还这些贷款。

我想，一个在理论上非营利性质的诊所可以降低12%的定价，并且必须通过某种方式筹集资金来提升自己的规模，但这仍然是昂贵的。宠物医生用药真的很贵，但是——也请原谅这句评论里自私自利的本性，这是非常值得的。你能为健康和爱情付出些什么代价呢？尤其是在一个人们会花上千美元去买智能手机的世界里。

禁忌

这是所有事情中的最大禁忌。一次又一次的调查表明，人们（至少是北美人）更愿意透露自己的性生活细节，而不是薪水支票上的数字。出于各种文化和历史原因，问别人收入多少被认为非常不礼貌，然而人们却对此感到好奇。

我想，大多数人认为宠物医生的薪水很高，但远不如一般医生或牙医的那么多。大致来说这是正确的，所以我可以到这儿就停下来，但对于那些好奇的人，我会更彻底地揭开这层面纱。但首先我们讲一个小故事。

我们都说过一些让自己回想起来会感到尴尬且局促不安的话。我就有一系列这样令人汗颜的糗事可供各位参考，这儿正好有一个故事和主题密切相关。当我还是一个大学生的时候,我罕见地做了一次牙科检查。牙医是一个非常快乐的家伙,我们聊了一个关于暑假计划的好话题(好吧,那些快乐的谈话都是发生在牙医问我问题,而我躺在牙科躺椅上回答"嗯,嗯,嗯啊嗯"的时候)。他真的是个好人,技术也不错。我不记得他具体做了什么,也不记得账单是多少了,但我清楚地记得我当时正在计算我在椅子上躺了多长时间,以向我的朋友和任何愿意听这件事的人宣布,这家伙每小时至少能赚上两百美元(这个数字在20世纪80年代得疯了)!我是个浑蛋。而且我算错数了——算得大错特错。三十年后的今天,我知道了"日常开销",正如我上一篇文章所解释的那样,"日常开销"是资产负债表上体重八百磅的大猩猩。直到今天,我依然为暗示过他在敲竹杠而感到难过。

如今,当我一天的大部分时间都在做超声波检查的时候,每次检查大约需要半个小时(尽管客户只看到那十五至二十分钟,因为剩下的时间我都在写报告),这大概需要花费三百美元。大多数人并不像我二十二岁时那么无知,但我敢肯定有一些人会在走出去的时候想:"这家伙一小时挣六百美元!一定感觉很不错啊。"

加个零真是太多了,我每小时挣六十美元。

有些诊所会根据账单支付一定比例的费用给医生,但我们直接付薪水。我们这儿付的是年薪,而不是真正的时薪,所以没有任何加班费之类的。据我所知，我的薪水对一个有着二十八年经验的宠物医生而言是十分具有代表性的。对一个非专业的人士来说，它可能接近天花板了。应届生的起薪是每小时三十五美元左右。

你们中的一些人可能还在想："每小时六十美元——一定感觉很不错啊！"是挺不错的，我并不会抱怨什么。但请允许我指出两个重要的因素，让它看起来并不像表面上的那么美好。

首先，我们投入了六至八年的大学生活，那时，我们不是去工作和挣钱，而是去生产债务，很多很多的债务。在加拿大，宠物医生毕业时的平均债务已经急剧增长到了6.5万美元。在美国，这数字是13.5万美元！

其次，我们大多数人没有挂靠公司或享有公务员养老金计划。我们的收入中有相当一部分必须转作退休储蓄来弥补这一点。而且前提是如果我们能够做到的话，如果我们足够聪明的话。

为了充分公开我们的财务状况，还需要提及另一个潜在的收入来源。我们中的一些人，包括我自己，也是这家机构的所有者，也可以从临床实践产生的利润中获利（大多数确实产生了一些利润，但有时没有）。然而，这里也有两个重要因素需要考虑。

第一，利润不是大风吹来的。潜在的利润持有者必须拿出大量贷款来购买诊所股份。这些钱也可以投资到其他地方，比如股票市场、债券或房地产市场,但我们选择在我们工作的地方投资。

第二,我是幸运的少数人中的一员,我还有机会购买股份。由于前面提到的债务负担,年轻的宠物医生很难负担起这些。此外,大集团越来越多地收购医院,这使得在那里工作的医生永远无法成为机构的所有者。

我知道我有多幸运。虽然这并不是什么奢侈的生活,我也从来没有渴求过这一点,但我拥有的确实是一种非常美好的生活。我拥有成千上万的曾来找过我的宠物主人的信任,我对此表示衷心的感谢。所以,如果你正是其中之一,并正在阅读这本书,谢谢你!

这一切的核心

我练习这个很久了。当有人问我这段时间最大的变化是什么时,我会往后一靠,若有所思地揉着下巴,用我最睿智的老头儿语气,戏剧性地停一下,然后悄悄地说:"……技术。"在1990年,我们几乎没有任何可以寄回家的止痛药。也并不是所有的新型公司内部都有实验室设备——1990年,我们送去的大部分样品,都需要一两天等待结果。那时,也并不是所有的新型诊断成像设备,比如生成超声波设备,都能在一般情况下使用。而且X光片是在一个暗室里生成的,暗室里有一个装有恶臭化学物质的浸泡罐。此外,在1990年,我得用一片钢锯片把需要拔掉的大牙齿锯掉。不是所有的新知识,不是所有的新技术,不是所有的新型计算机,都不是。这些事情是重要的,甚至是至关重要的,但最普遍的、已经触及宠物医生临床的方方面面的变化是宠物医生技术专家的角色(又名RVT、注册兽医技术专家、动物健康技术专家、兽医护士、技术)。

简单地说,自1990年我开始工作以来,技术人员已经基本从资质过高、利用率不高的动物饲养员和犬舍清洁工变成了所有小动物临床实践的核心人士。1990年,许多宠物医生只是在家里教导人们,让他们完成宠物医生自己不想做的、任何一个简单的技术任务(而且在那些时光里,通常是他自己,而不是她自己)。实际接受过大学培训的宠物医生技术人员所做的工作几乎不比这些非正式技术人员多,那是一种令人泄气和沮丧的状况,引发了大量的人员流动和职业倦怠。因此,这段时期看起来也十分诡异。作为宠物医生,我采集了很多血样,放置了很多静脉导管,拍了很多X光片,诱导了很多麻醉,清洁了很多牙齿,尽管受过大学训练的技术人员也完全有资格做这些。我基本上是一个昂贵的技术人员(虽然在那些日子里没有这么贵),这些事务大概占了我一半的工作时间。

如今，技术人员几乎什么都做，除了法律为宠物医生保留的诊断、开处方和做手术的项目。在我们的临床中，技术人员采集每一个血样，建立静脉通道（俗称打针），采集每一个X光片，诱导每一次麻醉，并进行每一次的牙齿清洁和保养工作。此外，他们还指挥着医院的一个内部实验室，看起来像是美国国家航空航天局管理控制中心的迷你版。他们进行输血、连接心电图、监测和护理重症住院患者，他们就动物的体重、行为、术后护理和其他一系列项目向客户提供咨询。他们一切都做得很好，非常棒。每个人都是一名医务护士、重症监护室护士、急诊护士、外科护士、实验室技术员、麻醉护士、牙科保健员、X光技术员、新生儿护士和保守治疗的护士。除这些之外，他们还有其他身份。

1990年我在诊所里可以胜任一切工作。我知道每件设备上的每一个旋钮是干什么的，我知道该如何去操作它们。我完全知道如何给每一位病人（好吧，几乎是每一位病人）采血，我可以操作每一种仪器、进行每一种治疗。今天我差不多没用了，好吧，我正在夸大其词。更准确地说，没有技术人员，我就一无是处，而且相当无助。

大多数诊所的中心都有一个叫作治疗室的大房间，所有的事都是在这里发生的。它是诊所的物理心脏，其中设有实验室、病房、麻醉准备区、手术室、药房、牙科区和X光室。而这颗心脏的核心，在这一切的核心,是技术人员。谢谢你,珍、金、梅拉、布兰迪、玛尼、梅丽莎、杰米和茉莉,谢谢你们让我显得不那么没用。

猫·狗·偏执狂

屋里很黑而且很安静,因为现在是凌晨两点。我盯着天花板,这真的很无聊。我希望无聊能让我安静地进入睡眠,因为,真的,我想在凌晨两点睡着,我应该在凌晨两点睡着。但你不能强迫自己感到无聊。我的眼睛可能会觉得无聊,但我的大脑可能并不认为如此。我一旦醒来,大脑里的某个神经元就开始"响"了,我把它想象成一个老式"服役闹钟"的闹铃。有时候我醒来时,脑中的一切都很安静,然后我又游回了梦中。但有时我醒来时,一个记忆神经元便开始猛捶我:"叮!叮!叮!叮!保持清醒!我有事要告诉你!"今晚它在叫:"你忘了把那个切片交给技术人员让他带走了!然后就是,从卡莉那里拿到样本实在是太难了!如果你告诉莱维斯克太太她必须把那只猫带回来,她可是会非常愤怒的!"

见鬼。

卡莉也许是这家诊所里十只最不快乐的猫咪之一。她进入诊所的那一刻，我们就可以通过从猫箱里发出的咆哮和嘶嘶声可靠地辨认出她来，有时她甚至在我们连根毛都没看见之前就在里面尖叫了。莱维斯克太太注意到卡莉侧身的皮肤下面长了一个肿块，经过与卡莉的一番软磨硬泡之后，我终于用针从肿块里取出了一个样本。我记得我把样本转移到了检查室的一片玻璃切片上。我记得我告诉自己，一旦我和莱维斯克太太结束交谈，我不能忘记把那个玻璃切片带到实验室，并让技术人员打包送出去，因为这是我认为病理学家应该看看的东西。我记得我是这么想的，但我忘记这么做了。见鬼。那天晚上离开诊所的时候，我有一种奇特的感觉：我似乎忘了什么，但我不能用手指出它来。现在我知道了，该死的，见鬼。更糟糕的是，珍珠·莱维斯克是那种粗暴、好斗的人，他们对是非对错有着清晰的边界感，而且似乎总是在留意与他们打交道的任何人的哪怕是最轻微的失误。

见鬼见鬼见鬼。

我一直坚定地盯着天花板，试图把这些想法推开，清空头脑，结果一点效果也没有。另一些更理性的神经元则不断指出：不管怎样，在凌晨两点，我真的什么也做不了，但敲钟的神经元更响亮、更活跃了。它们最终一定筋疲力尽了，因为在某个时候，我又睡着了，断断续续地做着焦虑的梦。

我曾了解到,心理学家把人分成两大类:神经过敏的和性格错乱的。面对一个问题,精神病患者首先会问自己是否应该受到责备,而且,通常他们认为的比实际情况更严重。性格错乱的人则会埋怨他人,或者淡化自己在问题中的影响或问题的严重性。我最乐观的猜测是,95%的宠物医生是精神病患者(我让你们自己去弄清楚哪些职业是由性格错乱者们主导的)。我不确定这是为什么,但这确实有助于解释高比例的职业倦怠、毒品滥用甚至自杀的现象。

第二天早晨,我走进诊所时,心中充满了令人恶心的恐惧感。正当我把外套收起来时,一个接待员突然把头探进了办公室:"早上好,菲利普!昨晚你放在三号房间的那张未贴标签的玻璃切片——我想我最好别给扔了,以防万一。如果你还需要的话,它就在实验室里。"

如果你的宠物医生做错了事,我不指望你能高兴,但你在气得发疯之前,请记住人类是会犯错的,而在人类当中,宠物医生通常是最不可能原谅自己的群体。所以如果你能原谅我,那就太好了,求你了。

在黑暗中

这并不是个比喻,我就是在说它的字面意思。好吧,我坦白,有些时候这会是一个合适的比喻,但这并不是我今天想要说的东西。今天我来说一个奇特的事实,那就是我几乎有一半的时间都在黑暗的屋子里工作。

经过十年的小动物临床实践,我已经可以看到那遥远的地平线上职业倦怠的大致轮廓,它就像一大团在碎石小路上扬起又降落的灰尘。我不知道那一团灰尘的舞动是由一辆咕嘟作响的拖拉机,还是一辆猛冲下来的半挂拖车引起的,但我不想等待着去一探究竟。这不是什么我用手指就能说明的东西,只是我越来越觉得我需要一个不寻常的挑战。别误会,一般的临床实践是非常有挑战性的,但它是由成千上万个单独的挑战组成的,一个案子接一个案子,让你像一只大家都知道的转轮上的仓鼠一样奔跑。但对我来说,在更大的事情上我越来越没有进步的感觉了。

在那个年代,我们逐渐发现超声波的用处,但是曼尼托巴省没有一个宠物医生是将超声波检查常规化了的,所以我们得找一个人体的超声波仪来干活,她连轴转地带着她的便携式机器从一个宠物诊所到另一个宠物诊所。她挺棒的,但那套设备的局限性还是挺明显的。

而且,我发现这项技术很吸引人,所以每当我有时间,我都会越过她的肩膀进行窥视,然后跟她磨叽,"那个是肝脏,对吧?"还有,"那个灰色的小点是什么?在另一个灰色的小点旁边的那个小点?"

那时候我还不是别人的合伙人,所以我当时建议老板给诊所买一台超声波机器。那是一台非常昂贵的仪器,而且尽管我数学的神经还挺灵,我也没法为买它提供一个站得住脚的经济理由,但鲍勃是一个非常有智慧的人,他既能感觉到我的不安情绪对于临床实践可能造成的影响,又能看到眼前那些数字之外的事。

2001年,我们买了一台超声波仪器,然后我又去卡尔加里上了一门课。那是一个启示,那里是一个我可以进行深入研究的世界,它将有趣的技术工具和活体解剖、生理学和病理学相结合,这些都是我在学校时喜欢的科目。血液测试、尿液测试和X光检查在它们各自的世界里都挺酷的,但它们是静态的,而且是从动物身上移除和抽取出来的。超声波则更像身体体检的延伸部分,这是对我的病患们内部实时的真实探索。另一件让我兴奋的事是超声波把我们作为人类物种的一个较弱的感觉——声音,变成我们一种较强的感觉——视觉的过程。通过超声波,我变得像海豚或蝙蝠一样,用声音来观察世界。手-眼-脑的协调需要花点时间才能一直保持准确,但最初屏幕上的灰色混沌物在我脑海中自动形成了3D器官,这让我兴奋不已。此外,因为它是在小黑屋里完成的,只有我在用单调的声音絮叨个不停,动物们通常都很平静,整个经历都让我感到舒缓和平静。我上钩了。

后来,我在加利福尼亚和纽约参加了更多课程的学习,但很早以前我就清楚,要想精通这门课,关键是要有大量的医学案例,你必须经常练习。这更像是去学习演奏一种乐器或投入一种新的运动,而不像是我在进行和宠物医生工作有关的实践。所以我开始腾出时间去为那些过来摘除卵巢和做绝育手术的健康病患做扫描。这也帮助我建立了一种深刻的感知:正常的情况该是什么样的,变异又是以什么样子来体现的。

紧接着,第一个移交病例来了。镇上另一家诊所听说我在做这件事,想送个小病患过来。我吓坏了,我同意的条件是宠物主人知道我还在学习过程中。但事情进展得很顺利,我不像预期的那样让自己丢脸。然后又有了一些来自临床的转介病例,接着又是第二个案例,然后是第三个……

在过去的十五年里,我为从萨斯喀彻温省南部到安大略省西北部的近四十家诊所做了一万两千多次超声波检查。现在有很多和优秀的人体超声学专家一样优秀的宠物医生在做这项工作,但我仍然忙于超声工作,这占用了我一半的时间。我仍然喜欢它,它仍然有助于我预防那种如同陷入绝境的倦怠。

黑大褂

有些日子里我感觉我应该穿上一件黑大褂,而不是一件白大褂;有些日子里我感觉我正在终结更多的生命而不是在拯救它们;有些日子里我真的理解那些告诉我他们也曾想做一名宠物医生,但当他们知道自己可能不得不去让动物接受安乐死时便改变主意的人们。

二十八年的临床实践过后,安乐死仍然是我日常工作中最沉重的一件事。我已经习惯了各种可怕的液体和恶臭的味道,还有混乱的日子和古怪的客户,吓坏了的宠物和绝望的病例,但我仍然没有完全适应安乐死这件事。看着光亮从一只动物的眼睛里逐渐消失,它们的人类伙伴控制不住地陷入悲痛,是任何人都不能从容应对的事情,这太难了,在退休之前适应它将会是我工作中必要的而且不可或缺的一部分。

这也是我在工作中经常去做的事。我想我们中的大多数医生平均一周可能有两到三次的安乐死手术。它们往往会聚集在一起，所以有时我需要在一天内执行三到四次，那就是黑大褂的日子了。大多数宠物，有80%至90%，在人类的家中是死于安乐死而不是"自然原因"。如果你仔细想想，这是有道理的。有多少人是死在家里的床上的？我们中的大多数人将在医院或因姑息治疗或长期的慢性疾病护理所带来的损耗而死亡。没有一个一旦狗或猫的居家生活质量变差就能让它们去疗养的地方，而且改善这种状况的可能性微乎其微。也没有那种专门给老年痴呆的宠物居住、让它们度过一生最后的穿着尿布，不能走路，也不能自主进食的时光的病房。合理的似乎只有舒适的居家生活和死亡。

从这个角度来看，也许讽刺地来说，让动物接受安乐死是我们作为宠物医生所做的最好的事情之一，它使我们能够充分关注生命的质量。没有动物需要像某些人那样毫无意义地受苦，它给了我们一个强大的工具。此外有些人希望它们也能够拥有这项权利，只要它们能找到一条明确的能够通过道德雷区的道路。我们仍然愿意在动物身上运用生与死的力量，但是伴随着这种力量而来的是责任，伴随着责任而来的必然是压力。这就是现状，必然的现状。

有趣的是,我在实施安乐死手术后得到的感谢卡要比采用其他任何一种治疗手段后都要多得多,真的太多太多了。这其中有些是出于我对宠物的服务的感谢,但也有些是出于对终结宠物生命的处理方式的感激。这真的挺有意思的,宠物医生总是关注着他们同事的诊断和外科技术,他们对发现的很酷的病例和所掌握的新疗法印象最深,但客户永远不会,他们只是想着我们知道怎么做那些事。他们印象最深的是我们的同情心和关怀,特别是在宠物生命结束时那些可怕的,令人情绪激动的、心碎的时刻。

但话说回来,每次看到预约到我门诊里来做安乐死的日程安排,我的心还是一沉,我必须重新披上那件黑色的大褂。

当黑暗难以承受之际

给特里、克雷格和索菲亚:

这篇文章将与我通常尝试着使用的那种蹩脚的轻松风格(上一篇除外)大相径庭,这篇文章是关于兽医职业中的自杀人群的。加拿大没有相关统计数据,但在英国,有两项独立的研究发现兽医的自杀率是普通人群的四到六倍,是牙医和一般医生的两倍。美国疾病控制中心对一千名兽医进行了一项调查,震惊地发现六分之一的兽医曾考虑过自杀。我个人认识的曼尼托巴省的两位同事自杀了;2014年,一位知名的、非常受欢迎的行为专家结束了她的生命,这引起了一些媒体对这一鲜为人知的职业的关注。

对于对此满不在乎的外界旁观者来说,这会是一个意想不到的新闻,甚至有可能是一个有些奇怪的新闻。兽医通常不是很受人尊敬吗?它难道不是一种很安全、很有趣而且高回报的职业吗?对很多人来说,这难道不是一份理想的工作吗?治愈无辜的动物不是很棒,与毛茸茸的小猫玩耍还获得报酬不是很好吗?所有这些都是真的,除了关于毛茸茸的小猫的部分。那么,为什么黑暗压垮了我的许多同行?有三个明显的原因。

第一个原因是兽医行业吸引了许多理想主义者,以及偏于内省和敏感的人。这里特指神经方面的敏感,从事与健康有关的职业的人都是如此,但兽医行业在此方面尤为突出。有些内省的人在动物周围比在人类周围感觉更自在。但他们没有充分地理解,宠物医生实际上是一个面对人类的工作,只是碰巧涉及动物,而不是与此相反。对某些人来说,与这种现实作斗争可能是非常困难的。更重要的是,申请考入兽医学院的分数要求非常高,而成功则有利于那些能获得高分的完美主义者。在实践中,完美主义和理想主义注定会被现实的混乱残酷地打败。然后，他们天生的敏感让他们对第二个原因敞开了大门：工作中固有的、常常出人意料的诸多因素造成的压力。

与敏感人群直接相关的是，兽医有时会沉浸在死亡和悲伤中。有几个星期——事实上有很多个星期，我每天都执行一次或多次安乐死。抽泣、大哭、哀号、悲痛万分的人们——其中一些是已经认识多年的人，已经变成我们日常生活的一部分。如果你们认为这只是那些过分爱猫的女士们或是那些像他们的狗一样百依百顺的人类的问题，我有两件事要告诉你们。第一，如果你没有经历过一段与动物的深厚感情，那么你就错过了一段重要的人类体验，一段与来自各行各业、不同背景、不同智力水平的人所共享的体验。它是我们编织的最丰富的网络之一。第二，你没有权利去评判一个和他们的宠物关系特别密切的人的悲痛，就像一个盲人无法评判一个摄影展那样。相信我，这些人都是正常人，有着合法的伴侣和强烈的悲伤。此外，一名兽医有望了解诸多物种和一系列学科，从牙科学到放射学到肿瘤学到……你尽管举例吧，这个范围十分广阔，所以也会有很多次失败的机会。记住"感性"，同时承受着敏感和失败，看看会发生什么。我甚至没有提到试图让客户承受得起的财务压力，但有时候我仍然得去偿还数倍的巨额债务并支付工资。也没有提到你上学时只是为了去学兽医专业，没想到日后还有当经理的压力的现实。也未提及愤怒的客户,和因为你的又一次迟到而感到心烦意乱的、生气的配偶。

第三个原因是我们知道这是多么容易,死亡是多么容易。每天,安乐死都是平和的、无痛的、快速的、可靠的,百分之百可靠。我们知道剂量,我们知道怎么注射,我们那里就有安乐死的药。你现在明白为什么它会经常发生吗?

更糟糕的是,这个局面显然只是冰山一角,自杀只是这个行业中最严重的心理健康问题中的一个可见的部分。美国兽医协会一项详尽的调查显示,只有不到三分之一的兽医在毕业后仅经历过一次抑郁症。加拿大一项规模较小的研究发现,目前每十名兽医中就有一人被归类为患有抑郁症的人群,另有15%的人处于临界状态。此外,在该研究中,有三成的兽医受到焦虑的困扰,还有,令人震惊的是,47%的兽医在情绪耗竭方面得分很高。显然,这些问题的影响既深又广。

幸运的是,我们的专业协会已经注意到了这一点,心理健康支持也越来越多地被纳入他们提供的服务中。然后你们——读者,能做些什么呢?对于上面列出的第一个和第三个原因,你做不了什么,但是你一定可以在第二个方面做一些事情。如果你有朋友或家人是宠物医生,不要轻视他们的压力。要明白,他们真正的工作远比你想象的要复杂和严肃,敞开心扉去倾听吧。如果你是一位客户,你的宠物医生做了一些让你生气的事情,请意识到他们难免也会犯错,也有人性的弱点,也请试着寻找一种冷静且有礼的方式来解决你的担忧。

那我呢?好吧,幸运的是,我在出生时就被植入了一个"快乐的乐观主义者"芯片。如果恐怖的末世危机席卷而来,我会说:"酷,这就能拍出一些超级棒的照片了!"还有,"带点熏制的红辣椒粉会让大脑感觉更好吗?"我描绘了一幅凄凉的画面,事实上大多数兽医都很好——甚至好得不行,但是精疲力竭是非常真实的,抑郁也是非常真实的,而且,对一小部分、不幸的少数人来说,自杀也是非常真实的。不仅在兽医领域,在整个社会,我们必须努力消除仍然与精神健康紧密相关的耻辱。如果你的腿断了,每个人都想来问候一句,但如果你的大脑坏了,几乎没有人会这样做。这是错误的,而且造成了很大的伤害。

咬、咬、咬

很多人认为宠物医生经常被咬。事实上,大家似乎认为这是我们工作中最糟糕的部分(没有考虑到我在上一篇文章中提到的我们工作中真正糟糕的部分)。在被客户评论时,我还常常听到他们的一阵苦笑声,和类似于"你今天见到杀手真是好事,宝贝儿会把你的胳膊咬下来的"的话(顺便说一句,这也说明了一个普遍的现象,即病患的名字与其行为之间往往存在关系)。我有时会发现人们正在心里数我的十个完整的手指头,其实我只被狠狠地咬过两次。我已经干了二十八年,再加上附近地区的那些,每年我都有数以千计的病患。从常规上来讲,被咬的概率比你可能猜到的要高得多。

这也就是说,例外事项就在脑海中形成了一个难以忘记的流氓展览馆,每个宠物医生都有这么一个例外。我最喜欢的是奥斯卡·韦斯腾海默。奥斯卡是一只小吉娃娃串串儿(他当然是啦),他长得像一个烤土豆,四条腿像牙签那样插在身上,还有一个愤怒的核桃脑袋。奥斯卡是过来修剪指甲的,我们知道他有易怒的问题,所以我们小心地给他戴上了口套。指甲修剪的工作是在桌子上完成的,在那之后奥斯卡被放回地板,那个口套也被摘了下来。你们去过海洋世界吗?或者至少看过一段视频——驯兽师站在一个高高的平台上,向虎鲸沙姆展示一条鱼,接着虎鲸沙姆干净利落地跃出水面去抓那条鱼?好吧,奥斯卡就是虎鲸沙姆,我是那个疏忽大意的教练,我的右手食指就是鱼。那只小烤土豆是怎么吸入那么多空气的,我至今都感到惊讶,但口套一拿下来,他就上来了。在空中飞跃过后,尖牙

磨得很快,然后就咬了,正好咬穿了我的指甲。一下就来了,十指穿心的疼啊。幸运的是,客户不在那儿,所以我能够在口头上用一种充满活力、诚实和未经雕饰的方式来表达自己的感觉。

另一次更令人惊讶。尽管她的名字就是一种预警(见第一段我说过的),我还是选择相信了桃子,所以我检查她嘴的时候什么也没想。我小心翼翼地掰开她的嘴,用左手稳住她的上颚,同时用那只可怜的右手食指轻轻地掰开她的下颚。咔地一口,我还是不知道她为什么要这么做。也许她一直在想象咬我是一种什么感觉?也许她饿了,我午饭后没把手上的三明治残留物洗干净?或者只是出于早发的狗狗痴呆症?

我们很少(相对而言)被咬的原因是绝大多数的狗会用肢体语言警告我们。我可能是太专注于和桃子的主人聊天及桃子的牙垢了,从而没能感知到她的警告。

不过,偶尔你会遇到"反社会"的狗:一只不符合狗的交流规范的狗,一只去咬你只是为了好玩的狗。因此,尽管那不是一口"狠咬"(也就是说,不需要给伤口敷药膏或使用抗生素),但在我的流氓展览馆里,黄水仙非常值得一提。她是一只巴西德国牧羊犬,非常昂贵,非常奢华。在候诊室里,她完美地端坐在主人身边,就像一只非常昂贵、非常奢华的狗被期望做到的那样。她的主人和我正说着话,我正靠在接待处的柜台上,离他们的距离可能和一个普通客厅的宽度差不多,黄水仙看起来非常轻松自在。然而,我还没来得及闪一下甚至眨下眼,她就从房间的另一边冲了过来,下巴就夹在了我的大腿上。半秒钟后,她回到了主人身边,又是一本正经地坐着,好像什么事也没发生。她的主人似乎未受干扰。然而,我,可是被吓坏了,我说了句请原谅就跑到洗手间去脱裤子了。黄水仙没有咬破我的皮肤,但她给了我一枚会停留些时日的红色牙齿方位图文身。

那么猫呢?我很幸运。猫通常也会发出很多警告,一只会咬你的猫会像一个力场那样放射出张力和紧张感。我也变得非常擅长像未引爆的弹药一样谨慎地带着它们,并把它们交给我的员工,他们管理爆炸猫咪的能力简直堪称神奇。尽管如此,我也常常被抓伤,其频率之高,着实令人厌烦。有一次,猫的指甲正好穿破了我的实验服和衬衫,划过了我的胸膛,留给我一个轻微的海盗般的伤疤,直到今天它仍然清晰可见。

但是奥斯卡,哦,奥斯卡!即便我一百岁了,流着口水,不记得鞋子应该穿在脚上而不是手上——我还是会记得他的。

III

宠物诊所里的怪异故事

想想鸵鸟

现在想想犯了癫痫的鸵鸟。

当有人知道我是一名宠物医生时,最常问我的三个问题是:

1)你治疗过的最不寻常的动物是什么?

2)你多久被咬一次?

3)你知道我阿姨的猫为什么长疹子吗?

我们忽略第三个问题,而且我已经谈过了第二个问题,但这个不寻常的动物问题实际上值得一说,所以让我们从最前面的那个开始。

我职业生涯中遇到的第一个"不寻常"的动物,如果我女朋友那神经错乱的猫不算的话,就是一只鸵鸟。这要追溯到我在萨斯卡通兽医学院的第四年,我想不起来那只鸵鸟的名字了,我们叫他约翰尼吧,你一会儿就知道为什么了。约翰尼因为癫痫发作而被带来做检查。

现在容我想一想。

像约翰尼这样的鸵鸟完全成年后有8英尺高,300磅重。这比我大得多,也比你大得多(请原谅我这个假设)。而且,他的腿迈一步就能超过14英尺,趾爪有铁路钉子那么大,给你一脚足以让你开膛剖腹。开膛剖腹——现在有了一个你平日里意想不到的风险。在对我们来说最好的时候,鸵鸟的大脑比他的眼球还小,但是当它癫痫发作的时候,他的智力会被关停,一些类似于蒙住眼睛的电锯杂耍表演也会随之而来。

教授让我们在约翰尼被带进来之前脱掉实验室的外套。她说:"他们喜欢啄白色的东西,比如实验室的外套纽扣。"

"或者白色的眼球。"我想。

约翰尼是一个助手带来的,我们怀着一种紧张感注视着他,他什么表情也没有地看着我们。令我们感到宽慰的是,约翰尼的情绪似乎并没有失控。他的目光空荡荡的,眼神涣散。教授解释说,他们曾用药物来控制它的癫痫发作问题,也曾试图找出最佳剂量。结果是,他的两个功能性脑细胞中的一个被破坏了。

"现在看着这个。"她说。教授把手伸进口袋,掏出了一根棉花糖。然后她从另一个口袋里拿出了一个装有药片的小瓶子,取出了一粒药片,把它塞进了棉花糖里。"还记得他们喜欢啄食白色的东西吗?"她小心翼翼地用大拇指和食指把棉花糖夹出来,果然,刚才看起来像是被石头砸了一下的约翰尼以闪电般的速度冲了过去,并以一种令人印象深刻的流畅动作把棉花糖吞了下去。"同学们,这就是

给鸵鸟喂药的方法。"

我从未在实践中应用这个知识,但了解到这一点还是很酷的。后来,约翰尼又被带走了,我们四散开来,去解剖什么东西。我们每个人都为没有成为一个具有指导意义的鸵鸟攻击案例而松了一口气,说真的,鸵鸟和鲨鱼具有同等的危险性,但鲨鱼很少被带进宠物诊所。

顺便说一下,最有名的鸵鸟袭击是1981年发生在约翰尼·卡什身上的那次。那是真事。在自传中,卡什讲述了他是怎么差点被他的宠物鸵鸟开膛剖腹的(还有这个词)。他把他后来对止痛药上了瘾归咎于这件事,是的,我们的世界是一个非常古怪的地方,你一定会喜欢的。

最后,如果你受到攻击,请记得西奥多·罗斯福总统的话:"被鸵鸟猛烈攻击时,人如果站得笔直,那他便处于极大的危险之中。但如果躺在地上,他就可以避开所有的危险。"但面部得朝下,像泰迪熊那样。

最小的心脏

在那之前我从未有过,自那之后也再未有过,将一种既强大又脆弱的力量握在手心的感觉。蜂鸟是烫的,他凶猛地活着,但他不能移动分毫,体温高得惊人。我知道,在通常情况下,新陈代谢较快的动物的体温都很高,但这是我第一次有这种感觉。我凝视着他,被他翅膀上宝石般的绿色羽毛迷住了,那绿色与其喉部闪烁的紫红色形成了对比。我也感觉到了他的小心脏,跳动得十分迅速,就像一个振动着的小玩具的发动机。

那是在兽医学院的第四年,我正在进行宠物医生的轮班实习,突然有人带着这只红宝石喉蜂鸟冲了进来,他们发现他躺在了自家院子里。他(这是个"他"——是紫红色的喉部告诉我们的)很小,而且轻得似乎在任何秤上都称不出重量,我们估计他大约有4克,相当于8到12个葡萄干的重量。因此,体检充其量只是走个过场。两名实习医生、一名住院医生和十二名学生轮流盯着他,轻轻地抱着他,说他有多烫,样子有多漂亮。大家一致认为他撞到了窗户,伤了头,他或是严重昏迷或是完全瘫痪。但当时我们清楚的是,如果我们不喂他,他就会死的。当压力过大时,蜂鸟会在一小时内饿死,因为他们的新陈代谢速率高得离谱。我的任务是喂他,让他活下来,而其他人则忙于和猫与狗打交道。

我在检查室的一个安静的角落找到了一张凳子,带着极小的电荷坐了下来。我又仔细地看了他一眼,测了测他的翅膀和腿,希望自己能找到别人没有发现的东西。但无果,他的身体外部状况没有任何问题。他那双黑色的小眼睛向我闪着光,我看出了他的恐惧,但对此我无能为力。我把他放在了一个暗箱里,然后翻出了一些仪器和高浓度葡萄糖(糖分)溶液。一位技术人员帮我抱着他,我在他喙的尖端涂了点葡萄糖,但他没有什么回应,只是一直盯着我。然后,我轻轻地撬开了他细长的喙,把他那细长如丝的粉色舌头拽了出来,我原以为他会像百叶窗一样卷起来。我用葡萄糖点了点他的舌头,然后,忽然间,他的舌头有一阵快速的轻弹。他喝了!这是我们从他身上看到的第一个动作。等他似乎喝完了以后,我把他抱了回来,想了想我们还能做些什么。

蜂鸟被送进来的时候,教授在她的办公室里,现在她出来了,过来看我们在干什么。"菲利普,我不想告诉你这个消息,但不管你做什么,他都会死的。"她的语气很和善,我知道她可能是对的,但不知怎么的,我都无法将她说的对应到我手中捧着的那个鲜活且剧烈跳动的生命体上。"继续做你正在做的事吧,大约每十分钟喂他一次,给他保暖,别让猫咪过来。"她微笑着继续帮助其他学生照顾他们的病患。

我又喂了他三四次,每次我都会掰开他的喙,小心地拽出他的舌头,每次他都拼命地喝几秒,然后停下来。最后一次,我们之前没见过的,他那膜状的灰色的第三眼睑,突然出现了,就是这样——他死

了。他的身体仍然很烫,但是心脏的嗡嗡振动已经停止了,他的身体软了下来。

其他学生走过来开玩笑说我杀了他,问我怎么杀了这么美丽的生灵,我和他们一起笑了,但我很伤心。我没有哭,但我很伤心。即使是在今天,差不多三十年后,当我想起那只蜂鸟时,仍充满了惊奇和悲伤。

斯邦基轻快地滑了下来

可怜又可怜的斯邦基,被俘虏的蜜袋鼯哟。可怜他那可爱的大黑眼睛,可怜他那柔软的灰色皮毛,可怜他那盈盈可掬的小身体,可怜他是因为这些特征使他成为人类无法抗拒的宠物——一团让人们的生活变得有滋有味的小毛绒玩具,可怜他是因为他不想成为一只宠物。好吧,对于一个大脑只有鹰嘴豆那么大的生物来说,"想"是个复杂的概念。他不太可能意识到,他的同类生活在澳大利亚的森林里,而不是加拿大的公寓中;他也不可能意识到,他的同类生活在一个全是蜜袋鼯的大家庭里,而不是生活在一个有着巨大响声和臭味的灵长类动物,还有一两只四足的食肉捕食者的家庭里;此外,他也不太可能注意到那些固有的现象：当灵长类动物睡觉的时候，他忙碌又吵闹，然而当灵长类动物在白天忙碌和吵闹的时候，他又试图睡觉。通常情况下，如果他长得丑的话，他会在晚上和家人一起从一棵桉树滑翔到另一棵桉树上，即使他不去想这些事情，毫无疑问他也会快乐很多。

再可怜一下可怜的斯邦基，因为我被其主人要求阉割他。和许多可爱又毛茸茸的动物一样，斯邦基不知道"可爱又毛茸茸"对抓捕他的作为灵长类动物的人来说也意味着"被动和温柔"。在他自己看来，他很凶猛，也很强壮，他相对于你和所有的浑蛋都是如此。有着婴儿般大眼睛的可爱小精灵仍然能狠狠咬你一口，尤其是从高处俯冲到你身上的时候。他的主人们是蜜袋鼯网络社群的成员，并根据所有的用以改变行为和环境的建议做了尝试，但归根结底，斯邦基仍然太……斯邦基了。

对圈养的非驯化物种进行医疗护理会给宠物医生造成伦理和道德上的窘境。我的做法是强烈阻止人们去圈养这些动物，但也要认识到像斯邦基这样的动物现在陷入了不能被放生到野外的窘境里，所以我有义务尽我所能地帮助他们在这种情况下过上愉快的生活。总的来说，在这种情况下，这意味着要尝试做手术。

于是，斯邦基在指定的日子出现了，护士们对他进行了温和的处理,给他上了止痛药,然后小心地给他进行了全身麻醉,就在那时我被叫到了手术室进行手术。虽然我在这件事的伦理和道德方面深思熟虑了一番,但在技术方面我并没有准备什么。毕竟,不同物种的阉割都大同小异。

除了蜜袋鼯。它们是有袋动物,而有袋动物很是奇怪。在我收到来自澳大利亚的愤怒邮件之前,我得说我并不是指贬义的那种奇怪。我指的是严格的传统意义上的"不寻常"或"令人惊讶"——从一个在宠物医生生涯里从未涉及有袋类动物的人的视角来看。除了斯邦基。

那么有什么奇怪的呢?他的阴囊。斯邦基的阴囊很是奇怪,阴囊悬在他后腿中间那根长长的线状茎上,就像一根小小的系绳球。

现在仔细考虑一下。这是一种在黑暗中从一棵树滑向另一棵树的生物,它可能在树枝和树枝之间跳跃,那么它的阴囊一直在它下面自由晃荡。从进化的角度来看,你不觉得这是个问题吗?读到这篇文章的男人现在有点紧张了,他们会觉得这绝对是个常见的小灾难。

不管怎样,他在那儿,熟睡着,而我在那儿,拿着手术刀。我瞥了一眼我的护士,她耸耸肩。我回头看了看斯邦基的阴囊和那惊人的长而窄的附睾。我就不跟你们说那些技术上的细节了,但最终,我不得不放弃正常的手术方式,那需要很多细致的解剖、横切和结扎,取而代之的是……直接把它剪掉。我剪断了那条肉茎,然后给它缝好了,就这样,十分钟的沉思和十秒钟的实际手术时间。

不知怎么回事,这是我迄今为止做过的最简单也是最难的绝育手术。

鱼之死

或者至少是"极度痛苦的鱼"。

毕业后不久,为了让自己在诊所里更有价值,我决定努力将鱼类治疗发展为副业,至少让我不那么没用吧。你们这些聪明人会立刻发现我想让人们把宠物鱼带进诊所这件事的逻辑漏洞,漏洞有好几个。但我的雇主,上帝保佑他们,都对我很宽容且有耐心。那时我除了一腔热情,什么也没有,为了给自己增加一些声望,在确定了我使用的是最好的教科书后,我开始写各种以鱼类健康为主题的小册子。然后我等着病患……等待着……

直到有一天,附近一家宠物店的老板提着一个大冰激凌桶进来了。

"你桶里装的是什么,埃德娜?"

"一条鱼!不,有两条。"

想象一下我的兴奋吧,快想一下。我大步迈到埃德娜和她的水桶前面,不是走,而是大步迈了过去。我目不转睛地看着水桶,两条鱼:一条大的,大概茄子大小的,色彩斑斓的鱼,周身布满明显的橙色和白色条纹,长长的像羽毛一样的东西从中直刺出来;还有一条小的,大概核桃大小,暗褐色的鱼。这一幕有两件事很有意思,首先大鱼是狮子鱼(这个为什么有趣我一会儿告诉你)。第二件事,这条小鱼被狮子鱼吃了一半,它的头已经在狮子鱼肚子里了。

"埃德娜,这是一条狮子鱼啊!"

"是的,它真的超贵,而且它被那条愚蠢的鲇鱼噎住了!"

哪条鱼更蠢还是让我觉得有些迟疑。"我懂了……"

"你能把鲇鱼弄出来吗?"

"啊这个……"

这就是我应该解释狮子鱼为何有趣的地方了。那些看起来很酷的羽毛状的东西实际上是尖锐的刺(锋利到可以轻松割断检查用的手套),上面还覆盖着毒液。毒液有一系列令人销魂的潜在影响,让我来引用一段话:"极度疼痛、恶心、呕吐、发烧、呼吸困难、痉挛、头晕、患处发红、头痛、麻木、感觉异常、胃灼热、腹泻和出汗。在极少数情况下,这样的刺痛会导致四肢暂时瘫痪,心脏衰竭甚至死亡。"好吧,只是"极少数"的死亡,所以没问题。

"喂,你能不能啊?"

"啊这个……"

这条狮子鱼看起来很痛苦,那条鮋鱼可能更痛苦,但这难以辨别。

人没有办法抓住狮子鱼而不碰到它们的毒刺,标准的水族馆渔网也帮不上忙,所以深思熟虑后,我想出了一个主意。我找来了两块很长的木头——这是很久以前的事了,所以我记得不是很清楚。我左手挥舞着像巨型筷子一样的木片来控制狮子鱼的身体,同时右手拿着钳子,小心翼翼地将它浸到水里,并牢牢地钳住鮋鱼的尾巴。

深呼吸。

然后我猛拽了一下。

鮋鱼自由了!然而,我很遗憾地告诉你们,它并没有活着享受这份自由。鮋鱼在受到伤害后立即死了,或是被这个不愉快的事情经过吓死了,但是狮子鱼活了下来,我也活了下来。死亡率只有33%。对一个新手来说还不错。

但那差不多是我短暂的鱼医事业的终点。

几年后,我们在开曼群岛遇到了一个船上满是狮子鱼的当地人。

事实证明，它们是一种侵略性物种，给当地的鱼类带来了毁灭性的打击。当地政府正在悬赏捉拿它们，而它们正稳步地向北扩散。

真的？任何地方？

我在诊所里工作刚满一年时，有一个十多岁的年轻女孩带着她的猫咪"甜蜜男孩"前来就诊。她对我说的第一件事是她只有五十美元，而且是从朋友那里借的。她靠补助生活，几乎买不起食品百货。我告诉她，这些钱当然够给"甜蜜男孩"做检查了，接下来得花多少，得根据我的检查情况来定。

"甜蜜男孩"是只黑白相间的公猫。他让我想起了我的第一只猫——穆克。他在我做检查的时候不停地咕噜咕噜，还不停地用头撞我的手。但他很瘦，而且牙龈很苍白。他的主人告诉我，在过去几周里，他的食欲和精力都在不断地下降。他才三岁，她非常担心他。我问女孩他是否外出过，她说最近没有，因为他们现在住在公寓里，而一年前他们住在一座独栋房子里，那时他外出过。

我抚摸着"甜蜜男孩"，思考着各种可能，同时问了几个关于他的饮食习惯、猫砂盆的使用、日常习惯等常规问题。他显然贫血，但问题是，猫贫血至少有六种可能的原因，都需要不同的测试，都有不同的治疗方法。也就是说，他以前在外面，没有注射疫苗，我很快就做出了一个推定性的诊断：白血病。这是一种常常因打架而在猫之间传播的病毒，这种病症的潜在影响之一是造成危及生命的贫血。我跟主人说了，但她告诉我那是不可能的，他从不打架——这就是他叫"甜蜜男孩"的原因。而且，当他外出的时候，总是有人监督着他。我毫不犹豫地解释说，他也可能是从他母亲那儿传染的。主人又摇了摇头，说"甜蜜男孩"的妈妈是一只被照顾得很好的、完全接种了疫苗的猫，那只猫由她姑妈养着。

有时候，诊断具有十足的说服力，与我们在病患身上看到的情况非常吻合，以致损害了我们处理反向信息的能力。但有时候，我们做不到我们所需要的那样完全客观。幸运的是，有了经验后，特别是在我们经历了几次打击之后，情况会好一些。但我当时还不具备这样的能力，我坚持我的看法，要求她试着再借三十美元来做白血病血液检测，我信心满满地向她保证那是正确的做法。她不情愿地同意了，几天后回来进行测试。但检查结果是阴性的。

我很震惊——真的惊呆了，不知下一步该怎么办。她告诉我她不能再借钱了。"甜蜜男孩"仍然在咕噜咕噜，仍然拿头撞我的手，但看起来比上次还要虚弱。我把她送回了家，告诉她晚些时候我会给她打电话,等我有空读点资料,琢磨明白是怎么回事的时候。但是,我根本没读,我只是坐在办公桌前盯着墙看,我得向我的老板求助了。C医生以脾气暴躁著称,他密切地关注着医疗机构的财务状况,当我们用一次性手术针头而不是那些可以消毒重新利用的针头时,他就会发牢骚。

我向他详细解释了情况。C医生坐在他那棕色的大旋转扶手椅上,冲我微笑。"好吧,菲利普,你摊上事了。你对这位年轻的女士承诺了一些你不该做的事,而且你没有认真听她的话。你现在得认输了。"

我点点头。

"我想这只猫有可能是内部出血,所以你给她回个电话,向她道歉。告诉她,你已经和我谈过了,而且我已经批准了给她的猫免费做X光检查。"

那天我第二次惊呆了。他从不提供免费服务,也许,随着年龄的增长,他变得成熟了。

几小时后,C医生和我一起观察X光片。我第三次惊呆了,而他则是第一次。胃里有一个轮廓清晰的椭圆形物体,洁白如骨,你可以眯着眼睛辨认一些几乎像是写在上面的东西。

C医生轻声笑了起来。"我想我也得认输了!这是一个让你学习怎么做开胃手术的大好机会,菲利普。告诉那位年轻女士,她的猫需要手术,我们会不惜一切代价的。她可以慢慢把钱还给我们,一个月二十美元。"是的,他确实很成熟。

于是我全副武装,戴上了手套,在"甜蜜男孩"的肚子上切开了一个口子。我能感觉到那东西,又硬又平。我把它从他的胃里拿出来,擦了擦,举起来对着强烈的手术灯观察。"是铜!"我告诉麻醉师琳达。"这就能解释清楚了!铜中毒造成了贫血!这次会治好它的。而且上面真的写着字呢……"我把它交给琳达,让她做彻底的清洗。

她马上就大笑着回来了。"这是在那些压硬币的机器上做出来的徽章。上面写着——你准备好听这个了吗?上面写着,'无论何时何地,都适合拥抱和亲吻'。"

但可能不太适合在胃里。

芬尼根VS炖肉

人类把他们在世界上遇到的每件事都分门别类,狗也是这样的。不同的是,人类提出了多种复杂的分类方法,以最精细的细节来切分世界,再给它们冠以一系列令人困惑的类别标签。而狗只使用两大类:"食物"和"非食物"。我在这儿就是要告诉你,这个"食物"种类广泛到令人瞠目结舌的程度。现在,老实说,"非食物"的类别里确实有一些子分类,比如"要汪汪叫的东西"和"提供食物的人",但实际上它们最感兴趣的是食物和非食物之间的区别。食物就是一切,是它们的激情,是它们的上帝。对幼犬来说尤其如此,而某些品种在这方面尤为突出。

拉布拉多猎犬和比格犬可能是这些品种中最臭名昭著的了。第一次向我生动地展示这一准则的是比利·辛格。在我毕业一两年后的一天,这只年轻的黑色拉布拉多来到了我的诊所。他当时已经有几天没吃东西了,这让他的主人非常吃惊。平时就算他们只是轻轻地摸了下塑料袋,或是碰了下有开罐器的抽屉,他都会神秘地凭空出现。但现在他只是躺在那里,看起来很伤心。他会嗅一嗅他们试图引诱他的零食,然后带着一种更悲伤的表情离开。

对一个还算是应届毕业生的人来说,诊断结果简单得令人满意。X光片上显示的是:一个密度很大,形状不规则的物体,大约有一个乒乓球那么大,正待在小肠里。我给辛格先生看了X光片,他叹了口气说:"那是块石头,比利喜欢吃石头。"

我并没有试图掩饰我的惊讶。"他喜欢吃石头?!"从那时起,我才开始意识到狗吃石头这一现象其实并不罕见,但那是我第一次听说这样的事。"啥,是真的吃石头吗?不是和石头玩着玩着然后不小心把它们吞下去了吗?"

"不,他吃了,通常能拉出来。我以为我们已经把院子里所有的石头都清理掉了,我们在散步时像鹰一样盯着他,但我估计他又在什么地方找到了一块。"

"天啊,真倒霉。这是一个他能吞下去,但不太好拉出来的石头。现在它好像卡在那里了。"

辛格先生没有回答。他只是又叹了口气,然后点了点头。

诊断很简单,治疗也很简单——比利需要手术。手术进行得很顺利,比利恢复得很好。但到目前为止,这些都不是故事最有趣的部分。故事最令人难忘的是他又吞了一块石头,一年后又做了一次手术。然后过了大约半年,我又接到了辛格先生的电话(我想你知道这是怎么回事了)。

"肖特医生,你不会相信的,但是比利已经三天没吃东西了。"

"哦不。"

"我想他又吞了一次。我们真的很小心了,但我发誓他上瘾了,一百码以外他都能闻到那些石头的味道。"

"难以置信。"

"是这样的,再这样做手术我们真的要破产了,而且对他也不好。"

我们还能做什么别的吗？你能给他安个拉链吗？"辛格先生笑了，但那是一阵悲伤的笑声。

"哈！好主意，但是，啊，不行。我真的很抱歉，但听起来好像我们又得做手术了。"

现在我们也许可以考虑使用内窥镜做检查，但那时候的温尼伯没有这种设备，而试图把大块的粗糙物体拖回食道可能也不是一个理想的解决方案。所以比利做了第三次手术。后来，我们决定，无论受到多好的监督，他都得戴着一个可以让他喘气但能阻拦他的嘴靠近别的东西的篮子式的口罩才能外出。这真的成功了，他继续过着健康快乐的生活，不用再做任何手术，尽管我相信直到死亡的那一天，他梦里都是美味的石头。

不过，尽管比利的饮食习惯非同寻常，我还是要把创意饕餮的桂冠送给亲爱的老芬尼根·康诺利。

芬尼根很早就表现出了对食物的狂热。在他连着包装袋吃了一整条面包，又全吐在了客厅的地毯上后，康诺利夫妇便非常小心地把食物放在了他够不到的地方。但芬尼根并不气馁而是努力地拓宽了"够得到"的定义。他学会了开冰箱。

一个星期天的早晨，他用爪子扒开了冰箱门，把炖肉掏了出来，被人发现的时候，他已经惊人地吃了一大半。他又吐了起来，就像那时候吃面包一样,但这次他吐得没完没了。他一整天都在呕吐,最后可能只剩下一点白沫和胆汁。康诺利一家开始担心了,带他去了急诊室。

在那里他被诊断为胰腺炎。胰腺炎的产生有多种原因,但一个常见的原因是消化系统遭遇了突然的脂肪负荷。炖肉里有四分之三都是脂肪,这可能是他一个月所能摄入的脂肪的总量。芬尼根在医院接受了几天静脉输液和多种药物的治疗。

康诺利夫妇在冰箱门上安装了一个门闩。

比利和芬尼根一定是灵魂伴侣。它们都执着地吃不该吃的东西,而且都有种狡猾的锲而不舍的精神。在众所周知的"冰箱事件"后不久,芬尼根又回到了医院。这一次,他设法打开了烤箱的门,不知怎么的,在没有被烫伤的情况下把烤肉扒了出来,并风卷残云般的把烤肉吃了个精光。打开,这个,烤箱的门。有些客户会让我琢磨:"是啊是啊,狗打开了烤箱门!你只是不想承认你把烤肉放在了他能够到的地方罢了,随便吧。"但康诺利一家是很严肃的人,我不得不相信他们。那情景就像想象中的一样荒谬,那不仅仅是打开了烤箱的门,还包括在门边行云流水般地拿出了锅和肉这一系列操作。也许他用了嘴和爪子?这真是令人难以置信。一只天才狗,的确是一只疯狂的天才。芬尼根再次接受了静脉输液的治疗,这一次的时间比之前的更长。

康诺利夫妇在烤箱门上也安了一个门闩。

没有第三次烤肉事件了,但芬尼根的余生都在做"医院常客",通常是因为他那惊人的食欲而麻烦不断。篮子口罩对他不起作用,无论他们什么时候给他套上,他都会一直嚎下去,又因为他大部分时间都是在家里胡吃海塞,所以他不得不一直戴着口罩。不过,不知怎的,尽管他有着自我毁灭的本能,他还是活了很长时间,他不断地发胖,从未失去对食物的热情。事实上,虽然我不记得他是怎么死的,但我记得有人告诉我,他一直吃到了生命的最后一刻。

"又脏又大又尖的牙齿"

是的,又一个巨蟒剧团参考素材。你们当中的巨蟒粉丝会立刻从我今天要写的关于兔子的标题中把它认出来,不是什么别的兔子,不是每个人想象中的那种毛茸茸的、温柔的、天真的兔子。不,我要写那些邪恶的家伙。邪恶的兔子?你问,这怎么可能啊?记住这一点——兔子并不知道它看起来可爱、娇柔、易拥抱,对人类还无害。大部分时间它看起来可能是一个紧张的、胆小的动物,因为它毕竟是一个被当作猎物的物种,但在一个已经让它变得自信的环境里,它真

正的战斗特性可能会显现出来。作为证据,我提供一个几年前与客户之间的电话对话:

"肖特医生,谢谢你这么快打电话过来,我现在在我的卧室里打电话呢。"菲茨西蒙斯女士说。

这似乎是一个不必要的细节。我对此有点警觉。"是吗?"我谨慎地问她。

"是抱抱先生,我不知道他到底怎么了!"

抱抱先生是一只灰色的小垂耳兔,她已经养了大约一年。我松了口气,问道:"你发现了什么症状?"

"他疯了!"

"哦?他做了什么让他看起来很疯狂?"

"我的卧室在大厅的尽头,他的小房子也在那儿,他不让我从他的房子那儿经过!"

"不让你过去吗?"

"是的!他攻击我而且咬我!"

"嗯啊……持续多久了?"

"整个早上!我每次想出去的时候,他就变得很疯狂,我不知道该怎么办!我要出去!他到底怎么了?"

抱抱先生怎么了?没什么,他只是一只领地性很强的雄性兔子,他可以在家里自由漫步,他的"巢穴"就设在走廊里。随着时间的推移,他对捍卫他的巢穴这件事变得越来越自信。我告诉菲茨西蒙斯女士,出房间的时候,在身前举一张毯子,然后把毯子扔到抱抱先生身上,这样她就可以很快地冲出去了。我告诉她,一旦事情平静了,她应该等到他在小房子里睡下后,用毛巾把他裹起来,放进笼子里,把他带来做绝育手术。绝育并不包治百病,但在这种情况下,把睾丸素从他身上取出来,再把他的房子搬到一个平时不怎么使用的房间的角落里似乎会管点用。

托尔斯泰的话浮现在了我脑海中:"令人惊讶的是,美即善的错觉是多么根深蒂固。"或者,对杀手兔子们来说应该是:"令人惊讶的是,可爱即无辜的错觉是多么根深蒂固呀!"

小嚼

在我开始讲述之前,我想强调这是一个非常"不宜在家中尝试"的场景。接下来我要讲述的事情是前无古人后无来者的,我希望永远都不要再遇到这种事情了。关于这件事,不仅结果是仅此一例,病患和主人也是如此。事实上,我应该叫他监护人,而不是主人。你会明白原因的。

十五年前,九月的某天,一个阳光明媚的下午。我在拥挤的候诊室里看到了一位年长的绅士,尽管天气相对暖和,但他穿着一件破旧的、沾满油渍的大衣。他膝上放着一个橘色的硬纸盒子,预约表上显示,他的名字叫雷·蒂博多,带了一只名叫"小嚼"的兔子来让我做检查。接待员很忙,所以我收拾好一间检查室后,把他引了进来。

经过一番寒暄后我问:"那么,咱们的盒子里是哪位呀?"这个名字看起来很奇怪,所以我想确定一下。

我没听清蒂博多先生的回答,因为他说话很轻,还带着浓重的曼尼托巴省的法语口音,而且,正如他的微笑所示,有好几颗牙不见了,他的发音不太清晰。"您说什么?"

他露出了一个有着巨大牙缝的微笑,大笑着并再次说了名字,这次声音变大了。这一次我听清了——"小卷心菜"。蒂博多先生补充道,"有时我会叫特(他)PC。"

"啊,小卷心菜[1]!小卷心菜!接待员给记成了'小嚼'。现在我明白了。这名字真不错!但PC可能更好记。现在让我们来看看他吧。"我打开盒子往里面看了看,PC不是普通的宠物兔子,他是野生的。准确地说,他是一只年轻的东部棉尾兔。更准确地说,他是一只

---

1 原文为法语"Petit Chou",直译成小卷心菜,意译为小宝贝。——译者注

左后腿上裹着一条大纱布和胶布绷带的年轻的东部棉尾兔。

"那断的是腿。"蒂博多先生说。

"我明白了。"我轻声说道,并用手抚摸那只看起来异常平静的兔子。野兔永远都不可能在圈养的环境中存活下来,作为一种被捕食的物种,它们生来就害怕潜在捕食者,所以与人类的亲密互动会让它们产生一个停不下来的内心独白:"我的天!我的天!我的天!"然后它们就会因压力过大而死。所有野兔都是,通常很快就会死掉。很明显,PC被抓起来以后仍处于震惊状态。

"你能给特(他)照张X光片吗?"我大致做完一遍检查,合上了盒子后,他问我。

"呃,我想,但我很抱歉地告诉你,结局可能不会太好。你想帮助他是件好事,但可怜的小兔子活不了了。他还处在一种试图掩饰他极度痛苦的震惊状态,我们所能做的最好的事就是让他睡觉。"

蒂博多先生考虑了片刻,然后慢慢地大声地说话,这样他就可以确定我能听懂了,他说:"但我养他已经一个月了,我给他治好了腿。我想知道现在X光片上的情况,还有绷带是不是能摘下来了。"

这份工作的一大优点是它似乎有无限的提供惊喜的能力,这是个大惊喜。我茫然地看着他。"一个月?"

"是的,一个月还零几天。"

"你把这个夹板放在自己身边?他又吃又拉还四处走动?"我简直无法相信我的耳朵。

"哦,是的!小卷心菜过得不错!我们现在是超级好的朋友。我第一次和他说话的时候,很温柔,他允许我帮他,然后他就明白了我的好意,就让我一直帮他。"

我迅速眨了眨眼。"嗯,那好吧。好吧,是的……让我们来拍张X光片吧。对了,大概要花一百美元。"

他点点头,从衬衫口袋里掏出一卷二十美元。"啊不,不是,没事,你现在不用给我钱!之后你在接待处付款就行了。"

在X光室,技术人员和我都对PC的绷带夹板感到惊奇。他厚得足以提供力量支持,但又不过于笨重。他包扎得并不完美,但坦率地说,比我看到的许多刚毕业的宠物医生绑得都要好。然后我们又对X光片感到惊奇,在那里——胫骨处有一个干净的骨折已经对齐了,显示出良好的愈合迹象。我打电话给蒂博多先生,给他看了X光片,并恭喜他做得不错。我告诉他几周后夹板就可以摘下来了,然后建议他考虑把兔子放归野外。

两周后他按约定回来了。果然,PC的腿痊愈了,我们可以把夹板取下来了。

大约两个月后,蒂博多先生又回到了候诊室,腿上放着那个橘红色的盒子。"哦,不,"我想。"另一只,他不会连续两次都这么幸运的。"

"我带小卷心菜来检查检查!"蒂博多先生把盒子放在检查台上时说,"他很好,但我还是想确认一下。"

"你没有把他放回野外?"

"不,我放了,但他每次都会回来!他在门口等着我!现在冬天快到了,所以他想和我一起进来。"

我在写这篇文章之前做了激烈的思想斗争,因为我不想让人们产生错误的想法。如果你看见一只毛茸茸的兔子睁着眼睛,不管它多么幼小,多么孤单,不要管它!通常那些看起来是孤儿的兔子宝宝并不是孤儿。小卷心菜与众不同,因为他的腿明显骨折了。老实说,如果他立刻就被带到了我身边的话,我会对他实施安乐死。但小卷心菜有些特别,而且他让我意识到要非常小心地对病患进行预判。蒂博多先生也有些与众不同,他也让我意识到要非常小心地对人进行预判。

每一位宠物医生都有过这样的经历:一位打扮得体、衣着考究的客户从一辆豪华轿车上下来,然后因为一笔相对较少的费用而生气,并威胁要让动物接受安乐死或把它们扔了。此外,每一位宠物医生也都有过这样的经历:一个看上去无家可归的客户,会为了一只动物尽可能地做一切努力。我们对预判的反应十分强烈,但事情往往正好相反。

小卷心菜或PC或小嚼(档案是建在这个名字下的)继续和蒂博多先生一起生活了至少两年,在他城外的大院子里闲逛,天气恶劣时会来,冬天时也会来过冬。他来诊所做过几次检查,看上去总是很好,也总是很平静。之后他们没再过来,我也不知道他最终经历了什么。当我突然打电话想知道的时候,电话号码已经停机了。

导盲犬看到了什么

人们时常向我提起的一个趣闻是,普通的狗和普通的两岁小孩一样聪明。去谷歌上查一下,你会看到许多相关资料。和谷歌上一抓一大把的趣闻一样,我要说的这个也挺傻的,这像是对复杂科学做了一个相当简单的摘要。事实上,产生这一概念的具体研究论文仅仅表明:普通狗的单词识别能力与两岁孩子的平均水平相当。注意是英语单词,而不是汪汪叫。实际上这让我觉得普通的狗非常聪明,尤其是当我的狗镇定自若地识别出一大堆单词的时候(他确实长得人模狗样)。

毫无疑问，与狗的智力相比，人类的智慧还是更有深度的。我们的智慧在税收、时尚、哲学、物理和室内管道方面发挥了巨大的作用，同时也能为OS系统升级后的安装问题及成千上万个麻烦提供锦囊妙计。狗的智力并没有那么高深，但在需要它们聪明的时候，它们的表现就会非常突出。每当说起聪明的狗，我就会想到一个特别的病患——谢拉·麦克纳布。

谢拉是只导盲犬。她是一只典型的金毛猎犬——就像出现在人寿保险广告中的有着幸福感的狗那样。她属于罗杰·麦克纳布，一位精力充沛的单身老绅士，是那种典型的，你在酒吧里看到的会对酒保讲生动的笑话、给陌生人买东西的人。那时罗杰完全失明没多久，谢拉是他的第一只导盲犬。他飞到东边去见谢拉，和谢拉一起经历训练的最后阶段。不用说（尽管你还是得听我说），他们是分不开的，她对他来说也是不可或缺的。谢拉知道如何引导他去邮局，去他医生的办公室，去7-11，去酒品商店，去罗杰最喜欢的威士忌所在的特定通道的特定位置。她不仅是一只聪明的狗，而且是一只有用的狗。试一下让你两岁的孩子帮你做这些事吧。

然而，有一件事向我表明，谢拉工作时有一个更深层次的思考过程，她不是像机器人那样对命令做出反应。和95%的金毛猎犬一样，谢拉的耳道反复发生感染。那些被感染的耳朵都很疼，但谢拉不喜

欢别人查看和处理她的耳朵。她会顺从地坐着让人检查,但她的眼睛似乎在说:"你为什么要一直这么做?你为什么还没看出来,你是傻子吗?"

有一天,罗杰和我约定在上午十点把她带来。他住得离诊所不远,而且总是很准时,他会考虑天气及任何可能导致他们迟到的状况。可到了十点十分时他还没来,我就有点担心了。接待员给他家打了电话,但没有人接。就在这时,我们注意到谢拉和罗杰在前面的人行道上走过去了。谢拉匆匆瞥了门一眼,但还是继续往前走。过了一会儿,他们回来了,走了另一条路,又一次从门口经过。接待员跑出去把他们接了进来。

罗杰很紧张,"我数了几个街区,我知道我们走得太远了,所以我带她转回来了。我们这样来回跑了四次!我不知道她怎么了,我知道她肯定会看到门的,我从没见过她这么糊涂。"

糊涂?几乎不可能。谢拉和我迅速地交换了一个目光:她知道我知道她看见了。从那天起,我们会在谢拉和罗杰该到的时候,小心地盯着门口。

勒罗伊和阔边帽

"多久？他只剩多少时间了？"丽莎正挣扎着不哭。

"真的很难说。每只猫都不一样，但恐怕不会太长。四到六个星期吧。"我说这话的时候，短暂地避开了丽莎的视线。我们总是不得不进行一些可怕的谈话，丽莎是我的朋友，所以情形就更糟了。

她轻轻地喘了口气，"不。"

"我很抱歉，丽莎。"我把手放在她的肩上。

勒罗伊对这一切似乎毫不在意，他正在处理一件重要的事情，那就是舔掉他胸前的超声波凝胶。丽莎和我一直盯着屏幕，勒罗伊的一个心脏短片正在不停地转圈。我做超声波检查才三四年，但我至少已经看过一百颗正常的心脏了，这足以说明当时我眼前的那颗心脏和它们有着天壤之别。事实上，这可能是迄今为止我看到过的最不正常的心脏。从心脏泵出血液的被称为心室的两个腔室是畸形的，并伴随着痉挛性收缩，而将血液注入心脏的被称为心房的两个腔室，由于心室狂乱的摆动，膨胀到了至少是正常大小的三倍。即使是一个从未看过心脏超声图像的外行也能清楚地意识到那看起来十分糟糕。

对于严重的并危及生命的疾病,决定预后方案往往比判定检查结果和选择治疗手段更为困难。勒罗伊的诊断结果很容易地得出了——限制性心肌病,它的治疗手段也简单得令人悲伤——只是缓解症状而已,但我对它的预后没什么信心。通常根本没有什么研究成果来指导你,所以你只能根据你对疾病严重性的了解及你过去的个人经验来给客户一个有理有据的猜测。

这件事发生的一周前,我刚经历了一次恐怖事件。我通过超声波屏幕目睹了一只小狗狗心脏破裂的情形。它的一个心房加剧膨胀并不断伸展,以至于在超声波检查途中,它的外壁出现了一个裂口,血随之迅速地向心脏四周流去。我以前从没见过这种事,坦白地说,我从没想过这种事会发生。它的血压下降得太快了,一下子就昏倒了。当我意识到应努力地去理解它,并努力想办法迅速把情况告诉它主人的时候——丽莎尖叫了起来,"怎么回事!发生什么了!"尽管我知道没什么希望了,我们还是把它送到了保存紧急物资的治疗区。我们无能为力,我知道我没法阻止这件事的发生,因为它已经病重,但我还是觉得太可怕了。这么多年过去了,我仍然能清晰地听到那个可怜的女人的尖叫声。不过,这条狗没有受苦,因为这件事发生时它立刻昏倒了。

尽管那只狗的病和勒罗伊的完全不同,但它们都死于心房的极度扩张。我确信这段鲜活的记忆影响了我对勒罗伊预后的猜想。然而,我继续解释说,预后几乎总是在一条钟形曲线上。我告诉丽莎,从超声检查看来,大多数像这样的病患的平均预后寿命是四到六周,但在钟的两边会有一小部分数据,一边会走得比预期的快一点,另一边则会活得久一点。当时我并不能清楚地预判钟形曲线的形状会有多大的变化。事实上,对于患有心肌病的猫来说,这条曲线看起来不像个钟,而更像阔边帽。不幸的是,有些猫情况很不好,很快就死了;而有些猫,在你所做的任何测试中都表现得一样,它们的情况相当不错,生存寿命远远超过平均水平。没人知道这是为什么。

毫无疑问,你现在已经猜到了,勒罗伊的心脏在后来的四至六周里一直在跳动。实际上,勒罗伊一路走到了阔边帽的边缘,又多活了两年。我很惊讶,非常惊讶。但是那些对"猫有九条命"这句老话有着更深敬意的人只是微笑着点了点头。你永远不知道它们现在活在哪一段中。

一件我非常不擅长的事

有个预约看起来让我觉得不知所云:"3:00——'巴锡·西蒙斯'伯爵——样本采集。"我确实想知道是什么样的样本,但我想这可能是一个肿块的穿刺活检,因为技术人员把所有的抽血项目都做了。

我走进房间,向主人做了一个自我介绍。他们是一对较为年长的夫妇,男人戴着一顶蒂利帽,留着浓密的白胡子,女人优雅地走过来,手里拿着一本红色笔记本,封面上显眼地写着"巴锡伯爵",我们微笑并坚定地握手。房间里有两只狗,都是粗毛牧羊犬(如果你对这个说法不熟悉的话,那就是拉西狗)。

"伯爵身边有一位朋友,希望得到精神上的支持。"我轻声笑着说。我蹲下来邀请他们两个来闻闻我。

"从某种意义上说,"西蒙斯太太回答,也轻轻地笑了笑,"埃拉是他的挑逗者。"

哦哦。

"挑逗者。"我的心一坠。我知道我要收集什么了。埃拉和伯爵对整件事似乎都很放松,西蒙斯夫妇朝我微笑。显然,轮到我说点什么了。"所以,呃……我只是收集一些东西用作分析,然后呢?或者说我们……呃……用它来做什么呢?"

"请您分析一下,恐怕他有点不中用了。多好的血统啊,但到目前为止还没有什么运气。"西蒙斯太太用一种愉快的、诚恳的语气说。

"他们说你是最棒的!"西蒙斯先生热情地补充道。

我在心里琢磨了一下到底是哪位喜剧演员告诉他们这个的。我并不是对这个过程感到尴尬(我是医生),而是我并不擅长去做这件事。实际上,我对手动让狗射精这件事很不在行。例如,有一次是一位漂亮的年轻女人和她的玩具贵宾犬罗伯特。上帝啊。

但我知道该怎么做。我找了个"我得去看看我还需要什么"的理由请求离开片刻。事实上,这只是为了进行几次深呼吸并在几分钟内快速浏览网络和书籍以找到一些提示。本质上来说,这个过程就是你能想象的那样。虽然关于狗的阴茎有一个很酷的事实,如果你还不知道的话,那就是它包有一根长骨,真正的"阴茎骨头"。这在某些方面让事情变得更加容易了。你自己琢磨哪里好笑吧。

我回到了房间。手套、润滑油、收集瓶,一切都准备好了。我看着巴锡伯爵,他看着我,西蒙斯夫妇的笑容是那么鼓舞人心。我确定巴锡伯爵已经嗅到了埃拉的气味,而埃拉显然刚刚进入这个季节,然后他和我就开始了。

出于礼貌,细节就不说了。

它不起作用。西蒙斯先生说:"也许白大衣让他不舒服了?"我脱掉了它,并向自己发誓,这是我目前能做的全部了。

仍然不起作用。我不停地尝试,不时变换节奏和压力,重新涂上润滑油,努力让自己看起来轻松且专业,但伯爵只是站在那里,气喘吁吁的,甚至没有瞥我一眼。我的手累了。

"哦天哪。"西蒙斯太太说,并在她的笔记本上写了一些东西。

这次我下定决心一定要成功,但我的手真的开始抽筋了,而巴锡伯爵表现得就像梵高画展上的盲人一样无动于衷。"很抱歉,但今天似乎没到时候。"我虚弱地说。

"别难过,这也发生在上一个宠物医生身上。"

我建议他们一周后再试一次,并为他们预约了时间,那时巴锡伯爵的状态或许会更好一些。我知道我干不了这件事,他们得去见我的同事。"他真的是这方面的佼佼者。"我向他们保证道,并为自己送上了一个邪恶的微笑。

爱德华巨倒霉的一天

我想这可能会让你大吃一惊,但爱德华一生中最糟糕的一天并不是我们切掉他阴茎的那天。不,是切掉他阴茎的前一天。在我们切断他阴茎的前一天,爱德华试图尿出一个非常小的膀胱结石,但结石没有小到能被尿出来的程度,而是进入了他的尿道。因此,他尿不出来了,而且正因如此,那天变得越来越糟糕,直到成为他一生中最糟糕的一天。

第二天,海因策尔太太做的第一件事就是把嚎叫着的可怜的爱德华带到了宠物诊所。他是一只沙色的大猫咪,是海因策尔夫妇养的一系列沙色大猫咪中的第三只。他的膀胱有得州的葡萄柚那么大。我们很快麻醉了他,并试图插入一根导管,但我们再怎么小心地摆弄和冲洗也没能让小石子动上一动。晶体是引起尿路梗阻的常见原因,通常很容易脱落,但这次不太一样。唯一的解决办法是做一个会阴尿道的切开术(切掉他的阴茎),然后把他变成一只尿道更宽的母猫。然而,这样的事是母猫极少经历的。

海因策尔先生最近去世了,海因策尔太太过来的时候没有开车。他们的儿子住在温尼伯,所以他能常常带爱德华和海因策尔太太来诊所,但如果他的日程表排不开,或者是来不了,那么她会打车过来。

就在这段时间里,爱德华开始恨我了。他一直是一只"嘶嘶怪",但如果我们冷静而缓慢地接近他,他还是可控的。可是自从做了手术,他就变得有些难以控制了。我觉得他不是怪我给他变了性,而是怪我让他留下来住院,以及我给他安排的所有的注射护理、去毛球、测量体温、仔细检查和一系列不体面的操作。由于交通出行变得越来越麻烦,也因为我希望爱德华对我的仇恨并非因为我个人,我提出了上门问诊。我们并不推荐上门问诊这一办法,让一名医生和一名技术人员在一段时间里离开大楼,这在经济上划不来。因为在这段时间里,他们可以在诊所里为三四个病患问诊,但对于一些特殊客户,我们会在充分考虑的前提下偶尔为之。事实上,我挺喜欢的,因为我觉得这就像一种休息,开会儿车,远离电话铃声、狗吠声,还有,有时会发狂的工作人员。

但爱德华还是恨我。我们第一次去海因策尔太太家时,他来到前厅迎接我们。他嗅了嗅我伸出的手,然后开始冲我们嘶嘶。唉。但是海因策尔太太非常感激我们的这次到访,所以即使爱德华不需要再做任何紧急医疗了,我每年仍然会去她家给爱德华做一次年度体检和接种疫苗,这成了我春季出行的一部分。我渐渐熟悉了她所住的西区街道上的坑洼和冰痕,但每年我都忘了得开到哪条路上才能停车,三月的车辙实在是太深了,以至于我都没法让我的小甲壳虫掉头朝正确的方向行进。技术人员会带着厚厚的毯子和厚厚的皮手套,把爱德华按在厨房的小桌子上,而我则做了一个充其量被形容为仓促的检查,他冲我们尖叫着,试图用爪子抽死我们。而海因策尔太太总是轻笑着说:"噢,爱德华,你真是个坏男孩。"但从她的微笑可以明显看出,她并不是认真的。

随着岁月的流逝,海因策尔太太的驼背越来越严重了,人也越来越憔悴,而爱德华却越来越圆润,他正以每年大约一磅的速度增长。当我尽可能温和地指出这一点时,海因策尔太太又会轻轻地笑起来,"噢,爱德华,他真是个坏孩子呀"。之后有一年,他体重减轻了——事实上,体重减轻了不少。当他冲我们尖叫的时候,我向海因策尔太太解释了可能会发生的事。我告诉她,最好是让我们带他回诊所做一个检查,我们不可能在家里给他采血,而且他非常需要X光或超声波检查。

在技术人员和我把爱德华扭进了他的旅行猫窝,技术人员先拿着一些设备上了车后,海因策尔太太转向我说:"从现在的情况来看,我不知道我还能活多久,也不知道爱德华还能活多久,所以我想趁现在告诉你这件事。"她停顿了一下,看着我的眼睛,然后发出了她标志性的轻笑声。"爱德华和我是天生一对。在我还是个婴儿的时候,他们无法确定我是男孩还是女孩。在他们决定让我成为一个女孩之前,我两种器官都有。所以,我们是真正的一对,爱德华和我。"

从一个看起来像老牌电视节目中的可爱的老奶奶的嘴里听见这句话,我简直无法形容我有多震惊。我的生命中再次遇到了特殊事件,我摸索着合适的回应。"哦天哪。"这是我能想到的最好的一句话,她只是微笑着拍了拍我的手臂。

爱德华的问题没有立即危及生命,他们都多活了一小段时间,他直到临终都在恨我。海因策尔太太死后,她的家人给了我一张可爱的爱德华的铅笔素描,他至今都挂在我的桌子上,一直盯着我看。我想他是想教我一些东西,尽管我还不确定那是什么。

闻一闻那只泰迪熊

贝克女士是一位超棒的客户——你希望你能克隆一个的那种。她总是能提出一些聪明的问题,总是认真地听取我的建议,而且总是那么快乐。还有,她的狗,伦佩尔·蒂斯金,简称伦佩尔,是一只非常可爱的小狮子狗串串,我非常乐意照看他。我猜贝克女士接近晚年了,我知道她一个人住。她住在离诊所不远的一处小公寓里,那是为数不多的几处还允许养狗的公寓之一。贝克女士对伦佩尔可谓一往情深,显而易见,他是她生命的行星围绕着运转的太阳,但她也想着不能给他惯坏了。无论如何,这是一个真爱的故事,所以当伦佩尔去世的时候,她真的是伤心欲绝。

伦佩尔去世大约四个月后,我看到贝克女士的名字出现在了我的预约名单上,但她没带任何宠物来,我以为她是来征求我的意见,问问我什么时候和应怎样再养一只狗的。当我走进检查室的时候,我看到她带了一台笔记本电脑和一个大塑料购物袋。我们热情地打了招呼,我再次对伦佩尔的去世表示哀悼。贝克女士告诉我,她想给我看一些他的照片,然后开始在她的笔记本电脑上播放幻灯片。那里一定有近百张伦佩尔的照片,一张接着一张慢慢地,颇具艺术感地滚动,还配上了柔和的钢琴曲子。这让人心碎,但老实说,在看完三四十张之后,我开始担心起所需时间来。而且更重要的是,我开始偷偷地看那个购物袋了。给我的是家庭自制烤面包?一大盒巧克力?一瓶酒?承认这个是挺可怕的,但这是真的。

幻灯片终于放完了,我对她说,这是多么美好的吊唁啊。然后她把手伸进了包里,我向前探了探身子,她掏出了一只破旧的泰迪熊,一只纽扣状的眼睛悬在一根线上,一只耳朵不见了。这和一瓶酒的效果差不多吧。

"肖特医生,我得问你一件重要的事。"

"好的,请说吧。"

"你能根据尿液的气味区分不同的物种吗?"

这并不是我所期望的局面。我想知道这个话题最终会被引向哪儿,于是我谨慎地回答她:"呃,是这样,我估计我分不清绝育过后的猫尿和狗尿的区别,但是没有阉过的猫尿闻起来还是很特别的。"

"啮齿动物呢?"

"哦,好吧,那也不是很难。"回到了我的话题,我继续说,"大鼠和小鼠都有独特的尿味,豚鼠和兔子的也是,尽管兔子严格意义上来说并不是真的啮齿动物。"

"太棒了!"贝克女士立刻眉开眼笑,我仍然十分困惑,然后她让泰迪熊朝向我,"这是伦佩尔最喜欢的玩具。你能帮我闻一下吗,告诉我你是不是闻到老鼠尿味了?"

好吧,确实有点奇怪,但她是因为老鼠可能在她心爱狗狗的泰迪熊身上撒尿感到难过啊。好吧,我勇敢地抓住了熊,到处都挺潮湿的。"那有很多只老鼠。"我想着,我小心翼翼地闻了闻,有点尿味,但绝对不是老鼠尿,然后我用一片纸巾擦了擦泰迪熊。是的,看起来确实像尿。

"看起来是尿,但我肯定这不是老鼠的,贝克太太。"我对自己的演绎推理感到非常骄傲。

"太好了!非常感谢!我真是松了一大口气!"

我显然看起来很困惑,所以她继续说了下去。

"看,肖特医生,我真的希望不是老鼠干的,因为那就意味着是伦佩尔!"

"啊……"这是我唯一的表达。

"他回来了!伦佩尔过去常常尿在他的泰迪熊上,他非常喜欢这样。如今他回来了,这让我感觉超棒!现在,晚上我可以躺在床上,而伦佩尔在下面享受他的泰迪玩具带来的乐趣,就像他一直会做的那样。"

我真的没有办法回应这样的事情。我发出了一些"哦"和"啊"的声音,然后温和地把谈话引到了她应该怎么办,以及她是否接受过悲痛咨询上。她微笑着离开了,显然很高兴。我伤心地摇摇头,心想:"可怜的女人,她疯了。"

那天晚上,我把这个故事告诉了我的妻子洛林。她聚精会神地听着,在适当的时候表示出了惊讶。等我说完,她直视着我的眼睛,沉默了很长一段时间。

"菲利普,你知道是谁尿在泰迪身上的。"这不像是提问,更像是陈述事实。

"不,不好笑,我真的没想过,因为整件事实在是太离奇了。"但一种微弱的,刺痛的不安贯穿了我的大脑。

"很明显啊,是她尿的。"

我以前常常提起这个故事,而且我喜欢讲这个故事,因为它总是会引起听者强烈的反应——恐怖的倒抽气声或欢快的尖叫声,或者两者兼有,这取决于他们是什么样的人。但随着时间的推移,不知怎么的我更难过了。我不怎么再提这件事了。

它吃了什么?!

狗和猫,尤其是狗,会吃下各种各样奇怪的东西。我已经向你介绍了拉布拉多狗——比利,他在三个不同的场合吃了不同大小和形状的石头,然后那些石头就出不来了,他做了三次手术。然后是快乐的埃德温森一家的腊肠狗,吃了一件内衣,那件内衣拿出来后发现不是埃德温森太太的。尴尬!

但最近一次加入"它吃了什么?!"名人堂的是"保镖罗杰斯"。

保镖这个名字对一只年轻的黑色拉布拉多串串来说很是贴切,实际上这只拉布拉多病患是我的一位同事给看的,但我当时在那儿,我知道她不会介意我讲这个故事的。

一个安静的周一下午,罗杰斯太太把保镖赶了进来。"我不知道他是怎么了!他今天早上还挺好的,但就刚才我发现他摇摇晃晃的,几乎站不起来了!"

果然,保镖虽然可以走路,但他摇晃得厉害,一直不停地摔倒。他的瞳孔扩大了,他的面部表情只能被解读为可怜又困惑。由于保镖很年轻,平时身体也很健康,我的同事立刻怀疑他中了毒,并告诉罗杰斯太太下一步要给他催吐。罗杰斯太太欣然同意,倒霉的保镖被带到了治疗区,让人把他的胃排空。

诱导呕吐并不总是那么容易(我们也不总是推荐这一方法——在尝试自行给他催吐之前请先咨询一下宠物医生)。但是对于保镖来说,催吐令人非常满意,而且很有成效。被催吐出来的是一大坨绿色植物和一个小小的闪亮的棕褐色物体。

大麻。

还有避孕套。

我的同事和我简短地讨论了一下该如何告诉罗杰斯太太这件事。她是一位看上去很保守的中年妇女,但最终我们讨论的结果是直接说出来。说实情,往往是最好的。罗杰斯太太消化这件事的时候,沉默了好一会儿。在确信保镖很快就能完全康复后,她的面部表情在几秒钟内从担心变成了困惑,然后变成了恍然大悟,继而变成了愤怒,就像天气系统的延时视频一样。

"我的儿子!我儿子的房间在地下室,保镖今天早上在下面。"

大约一个小时后,一个非常高、非常瘦、脸色灰白的红发少年过来看了看保镖。他没有对他的母亲说一句话,并且刻意避免与任何一名工作人员进行眼神交流。

关于鸭子

他的名字叫水洼。他的照片至今还挂在我桌子上方的墙上。和以前一样,我们的关系是从一通客户的电话开始的。

"菲利普,威克兰太太给你打来了电话。她想知道你能不能看一只鸭子。"

这立刻引起了我的注意。老实说,我有时只能明白别人对我说的话的一半,于是,我放下笔,转身面对接待员,"你是说鸭子吗?"

"是的,一只鸭子。"

我接起了电话。"嗨,我是菲利普·肖特医生,我听说你现在有只鸭子?"

"是的!他的名字叫水洼!我是从我女儿那里得到他的。阿尔和班迪特去世了以后,房子里空荡荡的。"

阿尔是她的丈夫,班迪特是他们的狗。阿尔是个有趣的人,也一直是我最喜欢的客户之一。他又矮又胖,声音沙哑。他那时六十多岁了,你仍然可以看出他曾是个肌肉发达的人。他告诉我他曾经是一个机车手,如果我需要人帮忙处理麻烦的客户,问他就好了,因为他"仍然认识一些人"可以把事摆平。我的反应仅限于微笑和点头。他当时还想知道他是否能在圣诞节为我们遛狗。那年圣诞节,我们这儿没有什么滞留的病患,第二年阿尔就因癌症去世了。

其实水洼没什么事,威克兰太太只是想让他做个检查。我尽我所能地提前阅读了关于鸭子的书。在约定的那天,水洼蹒跚地出现在了前门,威克兰太太温柔地赶着他。水洼是一只标准的农场白色鸭子。你接触过这种鸭子吗?它们大得惊人。它们能很轻松地超过十磅,当他站直了的时候,他已经到了我大腿一半高的位置。现在想象一下候诊室里的情景,六个客户,几条狗,几只猫,然后走进了一只鸭子。你几乎可以看到在房间的另一侧,猫的瞳孔扩大了。一只狗漠不关心,而另一只小凯恩梗开始狂叫,直到主人让他安静下来。水洼就像众所周知的那样,十分冷静。他谁都不理,放出几声柔软的呱呱,昂首阔步(请注意,这是一种摇摇晃晃的昂首阔步)地在候诊室里走来走去,以为自己已经占领了这个地方。

检查进行得很顺利,尽管水洼明显对检查的某些方面表示愤怒,但他是健康的。我也竭力向威克兰太太表明,我远非一个鸭子专家。几年过去了,水洼定期来做检查,有一两次轻微的脚掌和皮肤的问题。我一直盼望着他的来访,我不该在我的病患中挑我最爱的那只来讲,但他确实是我的宠儿。工作人员和其他客户都把他当作一位摇滚明星来对待,他的到来总是让人欣喜若狂。

后来有一天,威克兰太太打来电话说水洼不舒服。他吃得越来越少,大便也比平时的稀很多。当我再次见到他的时候,他已经瘦了许多,而且也没有平时那么活跃了。此外,很明显的,他排出的不是水样的大便,而是与尿液过度混合的大便。我们做了一些检查,确定是肾衰竭。那时他八岁,这对一只鸭子来说已经足够老了。威克兰太太还没准备好道别,我们就挣扎着做了几次治疗,但没什么用。三月的一个狂风大作的日子,我们带着巨大的悲伤让水洼去了。

春天是个繁忙的季节,所以尽管水洼是只明星鸭,但我很快就不再想他了,直到六个月后威克兰太太打来电话。实际上,从水洼接受安乐死那天起我就没和她联系了。她在电话里吃力地控制自己的情绪,但她希望我打消她的疑虑,她想知道她对他是不是已经尽了全力。她非常想念他,而且她以后会一直如此。爱是盲目的,它在性别、肤色、年龄、体型、宗教面前都是盲目的,在物种面前也从不设防。

IV

与宠物医生有关的科学

未知的未知

我郑重地保证,这不仅是第一次,而且也是最后一次,提到唐纳德·拉姆斯菲尔德。2002年,这位当时的美国国防部部长说了一句话:"有一些大家都知道的事情,有一些事情我们知道我们知道,有一些已知的未知数,也就是说,我们现在知道我们不知道一些事情,但也有一些未知的未知,有些事情我们并不知道我们不知道。"

兽医实践是由已知的已知和已知的未知来定义的。但未知的未知,比如携带着一种不明疾病的未知宠物,这也很重要。因为我们知道它们是肯定存在的,它们实际上是我们已经知道的未知的未知,如果你跟上了我的话。然而,如果你没明白,你仍旧可以毫无顾虑地往下读。目前还没有可靠的统计数据显示有多少未知的宠物,但是2009年加拿大兽医协会公布的一项调查显示,受访者所养的几乎四分之一的狗和一半的猫在过去的十二个月里没有去看兽医。请记住,参与调查的人往往会给出他们认为更能被社会接受的答案,因此实际的数字可能会更高。不巧的是,这项调查并没有进行深入追踪,以确定这些狗和猫到底已经多久没有去看兽医了。两年?五年?到底有没有去看过?

为什么会这样?为什么人们不带它们去看宠物医生?研究人员也对此进行了研究,虽然程度有所不同,但主要因素如下:

1)他们不知道去看宠物医生的意义是什么,因为宠物在他们眼里看起来很健康。

2)他们看不到疫苗接种或其他预防措施的价值。

3)他们担心这个会太贵。

4)他们担心对他们的宠物来说压力太大。

5)他们觉得可以在互联网的帮助下解决很多问题。

啊,互联网。你可能期待我就人们向传统又美好的谷歌医生、兽医学博士进行咨询的危险性发出猛烈抨击,但事实上谷歌上有很多有用的信息,也有很多有害的信息,还有很多信息已经过时了,因为这些年来它的信息只是从一个网站到另一个网站的复制粘贴而已。你的宠物医生可以帮助你找出哪些信息是有效的,哪些是无效的。我喜欢推荐人们去看宠物医生的合作伙伴网站(VeterinaryPartner.com),你的宠物医生可能会向你推荐类似的网站。但即使是最好的信息,不管来源如何,也不能取代经验、判断和实际的评估。这应该是显而易见的,但事实并非总是如此。

如果你在读这篇文章,你可能是当地宠物诊所的常客,所以我想,正如俗话所说的那样,我是在向唱诗班传教。尽管如此,还是需要明确说明为什么定期去看宠物医生是件非常重要的事。第一点,动物的年龄相当于人类的五到七倍,所以我们建议你每年带宠物去看一次病,就好比说十年里你应该去看几次医生。或者换一种说法,一般健康的宠物一生中可能会看到我们十二到十五次,很少有次数特别多的。

接下来这一点是极其明显的。动物不会说话,宠物医生不一定更擅长翻译汪汪声和喵喵声,但我们经过训练后会去寻找有关动物健康的微妙线索。在生活中,我们常常很难在熟悉的事物中察觉到不断演进的变化。大多数父母都有过这样一种经历:突然注意到自己的孩子一下就长大了。而事实上,这种现象每天都在发生,虽然只是一点点而已。动物本能地比人类更能隐藏疾病的迹象,所以如果我们对这些小的、慢性的改变不加注意的话,一些在病症变得明显之前可能更容易被处理的状况就会被忽略。

第三点,还有一个不太明显的因素:与诊所及其宠物医生们建立关系。如果我们了解你的宠物,并经常看到它,这会让我们更容易迅速地形成一个有效应对危机的措施。总有一天会发生危机的,有多少人能够在没有一次紧急医疗问诊的情况下度过自己的一生?另外,我想说,我们对每个人都一视同仁,我知道我们大多数医生都很努力了。但我们是人类,考虑到有时候人们对我们的时间和注意力的极端要求,我们将更多地关注我们认识的宠物,而不是我们不认识的宠物。当我们认识这些人和宠物的时候,我们更有可能去制造一些特别的小福利,有可能是关于账单的,也有可能是一通家庭电话,或者一个意料之外的电话,又或者是更多的研究。就是这样。

以上都是为了说明检查的事。我没有提到常规预防性药物的重要性,无论是疫苗还是预防跳蚤、蜱虫或心丝虫病的治疗。这些都是我将在本章"与宠物医生有关的科学"里更深入探讨的主题。我也会分享一些关于其他科学和医学主题的故事,使它们成为那个有魅力但反复无常的谷歌医生、兽医学博士的替代品,但是我永远不会拿出什么来否定你和你宠物的医生之间聊天的价值。还有,如果可以的话,我想请你帮个忙:如果你认识一个有"未知的未知"宠物的人,如果你已经看完这本书了,请把它传给他们。

也许他们会学到一些关于宠物医生和宠物医生用药的知识,这些知识能让他们大吃一惊。也许,只是也许,这会让他们的宠物变成更快乐和更健康的"已知的已知"。

咕噜声

让我们由一个猫的故事开启关于科学的讨论。一个关于这个神秘物种的被问得最多的神秘小故事:咕噜声。

很少有事情能像检查健康的小猫咪那样让宠物医生高兴,尤其是在经历了一系列杂乱、复杂、悲伤、混有臭味的或者混乱的预约门诊事宜之后(换句话说,是正常的一天)。你走进房间,对猫主人进行自我介绍,然后抚摸一只毛茸茸的快乐小猫咪,同时与快乐的猫主人讨论各种简单的小猫咪护理项目。我想当你们中的一些人描绘宠物医生的生活时,你们会描绘出这样的画面。好吧,它代表了我们所做事情的2%到3%(见上面提到的悲伤、凌乱、复杂等),但这是一个讨人喜欢的2%到3%。在抚摸和聊天之后,你开始检查这只小猫。这也很令人愉快,因为它现在还没有学会恨你。然后你把听诊器放在小猫的胸口听……放大的咕噜声。这听起来也许很有趣,但是这也很烦人,因为你真的很想听到心脏和肺的声音。有一些技巧可以让咕噜声停下来,但我最喜欢的是把听诊器摁在小猫咪身上,然后把它抱到水池边,再打开水龙头(慢慢地小心地,以免把小猫咪吓坏,接着听诊器里会转播混沌、复杂和混乱的栏目)。这几乎总是让它们感到惊讶,以至于它们在几秒钟内暂停咕噜。

主人们通常会对此发出一阵轻笑,然后有时候会问:"那它们为什么会发出咕噜噜的声音呢?"

我的回答是:"我们不知道。"

我本想在这儿结束这个故事,以便达到戏剧性的效果,但油嘴滑舌将会令人恼火。同时这也不真诚,因为虽然我们不确定,但我们现在确实有一些像样的猜测了。

首先,什么是咕噜声呢?以前有各种古怪的理论,但最终的答案是最明显的:咕噜声源于喉部(音箱)的振动,它由大脑中神经振荡器的节律性脉冲控制。好吧,神经振荡器的部分可能没那么明显,但你可能已经猜到了音箱,有喉麻痹的猫不会咕噜咕噜叫,你们中的一些人可能养了只似乎并不会咕噜咕噜叫的猫。但这并不意味着它有喉麻痹,这一问题是相当罕见的;相反,人们的猜想是,一些咕噜声极小以至于你根本听不到。这些猫的喉部仍会颤动,但你必须确切地知道如何去感知,最重要的是,何时去感知才会探测到这个咕噜声。真正从不咕噜咕噜的猫咪可能十分罕见,就像从来都不微笑的人一样,少之又少。

这就引出了我的主要问题:为什么。咕噜像微笑吗?从一些互不相让的理论中浮现的答案是,呼噜声确实类似于微笑,因为它被用在社交联系上,特别是在小猫咪和它们的母亲(以及猫和拿着开罐器的主人)之间。而且,就像微笑一样,它会促使内啡肽的释放,这也解释了为什么猫不仅会在高兴的时候发出咕噜咕噜的声音,在受伤或疼痛的时候也会如此。内啡肽自然地为机体提供内部疼痛的缓解剂(这是否意味着当有人捶你肚子的时候你应该微笑呢?当然啦)。在我看来,更酷的是,一个得到广泛支持的说法是,猫所产生的25—50赫兹的振动实际上会促进组织的愈合。这就是我们在韧带撕裂的时候被医生要求把猫咪绑在膝盖上的原因。显然,必须先解决一些实际的问题。

那么咕噜咕噜叫有什么坏处吗?从可能性上来说,是的。请在YouTube上搜索"烟卷儿——世界上最吵的猫,80分贝"。

那只野生的北极吉娃娃

前几天,杰克逊先生和布鲁斯一起来到了我的诊所,布鲁斯是一只一百二十磅重的、由肌肉和皮毛组成的小山丘,他把松鼠当作午餐,还会在零下四十摄氏度的时候请求出门溜达。杰克逊感到十分困惑,因为布鲁斯的DNA品种测试表明他体内含有相当多的吉娃娃血统。如果说斗士像吉娃娃,那么就像说泰森[1]像我一样。

到目前为止,新养狗狗的人问我的两个最常见的问题是"它会长多大?"和"它是什么品种的?"这些问题与兽医学校教我们的科目并无多大关系,尽管根据经验,我们的猜测会有所精进,但它们仍然只是猜测。令人沮丧的是,一些客户根据这些猜测来判断我们作为宠物医生的整体技能和知识,而我们要想从这种坏印象中解脱出来,可能需要数年。因此,我磨炼出了一种让人听起来觉得自己知识渊博但实际又含糊其词的艺术。

当我自己的DNA测试结果刚刚出来的时候,我突然想到了猜测品种的问题。我妻子给过我一份基因分析报告作为礼物,其中一个发现是我有3.2%的尼安德特人血统,这使我在所有被测试的人中处于第九十九的位置。我想没人会猜到能有这种现象,但我的妻子并不同意我的看法。

杰克逊先生做了一个类似的、在网上给狗提供基因信息的测试(他们会给你寄一个面颊拭子),他不是第一个这么做的人。多年来,我有很多客户带他们的混血狗做测试,这也许是因为我那知识渊博又含混不清的态度令他们感到沮丧。

---

[1] 泰森,世界重量级拳王。——编者注

这些测试中最受欢迎的项目是确定一个真正令人吃惊的品种范围,从猴面梗犬到约克夏梗犬,包括贝加马斯科牧羊犬、艾莫劳峡谷梗犬和墨西哥无毛犬等奇奇怪怪的品种。我不能保证这种明显的极端特殊的准确性,而且事实上,冒着被人寄律师函的风险,我会承认我有一点怀疑。相比之下,基因测试只能确定我是一个普通的"欧洲人",尽管事实上是,如果回溯到十三代之前,我的祖先基本上都是德国人。回到狗的品种上,我可以说,尽管有这么一串令人印象深刻的名单,测试还是缺少一种类型的狗,而且这个空缺让做这个测试的人都产生了幻觉,并且我怀疑整个加拿大西部和北部都产生了这种幻觉。

所以这就是问题所在了。

我们的许多客户,包括杰克逊先生,都是从收容所领养的他们的狗,这里的收容所里的狗都是来自北方偏远地区的原住民的狗。那么,我要说的是曼尼托巴省北部的灌木丛里到处都是的野生的北极吉娃娃吗?不,我要说的是,大约一万五千年前,当原住民穿过白令陆桥[1]来到北美时,他们是带着狗一起来的。这些狗不是什么特别的品种,它们是十分常见且美丽的,我必须加上一个字——"狗"。阿兹特克人把这些狗培育成了一个特定的品种,也就是我们现在知道

---

1 地史时期亚洲和北美洲大陆生物区系成分在白令海峡地区交流的通道。——编者注

的吉娃娃。DNA测试有时会把这个挑出来作为布鲁斯与他的朋友们十分接近的证明。下次看到吉娃娃的时候,你仔细观察一下,尤其注意一下其卷曲的尾巴。其他品种的、有卷尾的狗都是北方品种,它们在家族中有时候被称为波美拉尼亚丝毛狗。这个家族中的其他成员是松狮犬和秋田犬,它们的DNA有时也会与我们自然保护区的狗发生交叉反应。

幸运的是,布鲁斯的测试里也突出了哈士奇及拉布拉多与吉娃娃的杂交后代的成分;这对于杰克逊先生的自尊心来说是有益的。吉娃娃们实际上非常强硬,但它们对一些人来说确实有形象问题,尤其是那些给狗起名叫布鲁斯的人[1]。

大自然中的自然

大自然不是你的朋友,也不是你宠物的朋友,它也不是你的敌人,它只是比较冷漠罢了。就像你希望了解更多的那个炫酷、有趣、充满魅力又睿智的人,但是他们太忙于做自己了。

我可能会收到一些关于这件事的敌对邮件,所以让我首先向读

---

1 布鲁斯英文"Bruce"有"森林"等寓意,而吉娃娃体型十分娇小。——编者注

者保证,我确实热爱大自然,不管它对我的感觉如何。我尽量在野外待足够长的时间,我为环境事业做贡献,我自己做酸奶,我直接买农民的放养鸡产下的蛋,我能在五十步内分辨出两种不同品种的鸭鸟,而且大家早就知道我穿的是勃肯鞋,并穿着袜子。

然而,不幸的是,对一些人,包括一些宠物主人来说,他们把对自然的热爱已经与相信标有"天然"标签的药物和食物对宠物健康有益的想法混为一谈了。这种想法有两个明显的问题。

第一点,正如我上面所说的,大自然不是你宠物的朋友。在任何地方,最有杀伤力的致癌剂都是黄曲霉毒素,黄曲霉毒素是由花生、大米和其他一些食物上的某种霉菌产生的。微量的毒素通常不会被眼睛、鼻子或味蕾察觉,但足以引起问题。黄曲霉毒素是纯天然的,自我们生活在树上并相互咕啾以来,它就一直存在,而且也曾出现在一些劣质的小批量狗粮中。这只是一个例子,例子还有很多,很多很多。

若换种方式来看,我们是得考虑一下野生动物的实际寿命是否达到它们的理论自然年龄。拿狼来举例,大部分狼的寿命在七岁左右,连家养狗的一半都达不到。中年和更大年纪的读者也许想捂住眼睛不看这段,但如果大自然对我们的命运无动于衷,那么一旦我们过了生育年龄,它便会随意对待我们,这点听起来极其冷漠。

为了健康而去寻找标有"天然"的产品的第二个问题是:这个词不受监管,而且实际上毫无意义。我对大型制药公司及其逐利造成的歪曲事实的现象可没什么好感。但是如果你认为一个标签上恰好有微笑的秘鲁人,并且使用了一种独特的、看上去不那么文雅的字体的产品才是真正自然的,而且,还是由一个非营利性的公司制作的,并且它只把你宠物的最大利益放在心上,那么你就太天真了。类似的情况还有宠物食品,如"紫羚羊""绿海狸"或其他一些市场营销部门的"杰作"——实在让人困惑不已。唯一的区别是规模,它们几乎都是利润驱动的,而且几乎都是为了销售尽可能多的产品而做的设计。

如果你能自行收集、种植、饲养或打猎,并且有扎实的研究基础(请提供统计数据,而不是奇闻逸事)来保证它的安全性和功效,当然可以保持自然!但如果你买的是包装好的,要小心,要怀疑。那不一定就是坏的,但也不一定就是好的。

很多人都有一个有趣的想法,那就是如果某件东西不安全,或者起不到多大作用,那就不应该被允许出售。事实是,如果购买不需要处方的话,要么它的监管就非常宽松,要么根本就不受监管。一个由非处方的营养品、补充剂、草药和各种各样的"天然"疗法组成的巨型消防水带头瞄准了我们,但没有人有足够的资源来测试和复查哪怕是其中的一小部分。

我写这篇文章的时候,大自然正在生产零下四十三摄氏度的寒风。所以请把你的宠物关在屋子里不那么"自然"的空间内,直到外面的自然之风平息下来。

斯多葛派和卡珊德拉派(凶兆预言者)

"他并不疼啊,医生,我把他都检查了一遍,我整体都撸了一遍但他没有什么反应,我不知道他为什么那样走路,也许他的爪子里扎了什么东西而我看不见?"

杰克进来时明显是跛的,一瘸一拐,哈德森先生也做了任何一个关心宠物的主人都会做的事,并且试图找到狗狗的痛点。在一般的小动物临床医学中,这种情况会变化成各种形式每天上演,有时一天会上演好几次。

我跪在地上向杰克打招呼,他是一只友好的柯利牧羊犬、"实验室"、牧羊犬的混血儿,然后我给了他一些他最喜欢的香肝吃。他摇着尾巴还想舔我的脸,但我在他接触到我的脸之前,就把他的头挪到一边开始了检查。我不介意偶尔被狗"吻",但我知道杰克也是个臭名昭著的吃便便狂。我开始触碰和操纵他的每一条肢体,从脚趾到顶端,从表面上正常的肢体开始,最后是他的右后腿——他跛行的那条腿。(顺便说一句,很多人都认为是有什么东西扎进了狗的爪子,但这种情况很少发生,除非你看到狗在咬爪子。)

"就像我说的,医生,我已经这样检查过了,我还是找不到任何让他疼的东西。"

杰克对我也没有什么反应,但我确实感觉到他的右膝关节处有一处轻微的肿胀,他有一个被我们称为"阳性的抽屉标志",胫骨(小腿内侧的长形骨)可以相对于股骨(大腿骨)向前滑动,有点像抽屉稍微打开了的样子。这意味着杰克的前十字韧带已经撕裂了,在人类这里,这个部位被称作"前交叉韧带"或者"ACL"。所以,那不是很疼吗?如果是的话,为什么杰克没有反应?是的,这是真的疼,杰克之所以没有反应,是因为他是一只斯多葛式的冷静狗狗。

并不是很多狗或猫对疼痛都有人类"嗷呦,那个地方好疼啊"这种反应。有些猫狗是这样,但大多数猫狗不是。大多数的猫狗要么是斯多葛派,要么是卡珊德拉派。斯多葛派的,像杰克一样,不愿表现出任何疼痛的迹象。这在一定程度上是因为,在大自然中,表现出痛苦会让你成为一个唾手可得的猎物。这尤其适用于像兔子这样极端斯多葛派的猎物物种,但是也适用于像狗这样的社会捕食者,它们可能会因为嗷嗷喊疼而失去地位。也就是说，狗的品种和个体之间存在着巨大的差异。

所以如果斯多葛派不想让你确定他们受伤的部位，他们就不会表现出疼痛的迹象，那么卡珊德拉派会怎么做呢？在最极端的情形下，如果你刚在他们的一般部位摁一小下，卡珊德拉派就会尖叫。如果他们让你检查身体，他们会展示出一些有点像疼的感觉的样子（嗷嗷地叫），即使你只是在疼痛部位的附近区域大概地摁了一摁。你也许可以将问题大致定位为前端和后端，但这并不是那么的有实用价值。

一个笼统的概括，狗更可能是斯多葛派的，猫更可能是卡珊德拉派的，但也有很多交叉情况出现。

那么这位可怜的宠物医生该怎么处理这位不仅拒绝说英语，而且可能是斯多葛派或卡珊德拉派的病患呢？正如杰克的故事所证明的那样，我们会对它进行一种特殊的身体检查，在检查中我们可以感知到什么部位可能是肿胀的、脱位的、松散的。是的，在某些情况下，还会是疼痛的。有时需要X光检查，有时即使做了X光检查，我们也不得不基于教育与训练做出猜测。上帝啊感谢教育！

给猫喂药

为了给你们找点乐子,我邀请你在搜索引擎的图像查找功能中键入"给猫喂药的动画"。你看过这些吗?很多用绷带包扎的人,对吧?哈哈哈,对吧?是的,这一切都很有趣——除非你真的试着给你的猫服用了一片药,并且在这个过程中多次持续被其爪子挠伤。在此,为了公共服务的利益,我将为你提供两种不同的给猫喂药还不受伤的办法。

策略一:别,别给猫喂药。不,我并不是要你把宠物医生的处方扔进垃圾箱,而且还希望你的思想和祈祷能代替药物来治愈猫咪的疾病。相反,我是要告诉你还有其他选择,人们通常认为液体药是主要的替代品,但实际上,在大多数情况下我并不推荐这个。市面上有一些药物是带着猫喜欢的味道的,猫只需要服用少许剂量就可以了,这些可能还比较现实,但其他还有很多是灾难性的。至少拿药丸来说,你还能知道它到底吃没吃下去——要么在猫肚子里,要么在猫肚子外。如果它们吐出的是液体,你不知道它们吐出来的到底有多少药,而且绝对是一片混乱。而且,你的猫会更讨厌你,因为液体的味道往往会更重一些。

不，相反，我建议你问问推荐的药物是作为长效注射剂用的（这主要适用于抗生素），还是可以制成有味道的咀嚼药。相当多的药物可以被重新配制成令人吃惊的各种口味的治疗药物。金枪鱼和鸡肉在我们诊所最受欢迎。此外，还有牛肉、香肝、培根、三文鱼和奇怪的没有标出详细种类的"海鲜"。如果猫不直接把它们当作零食吃的话，就可以把这些药捣碎了混进味道相似的软零食里。调味咀嚼片的主要缺点是它们需要由一家复合制药公司生产出来，因此可能需要额外的等候时间和一些额外的费用。

有些人拥有一种叫作"药丸袋"的零食，这是一种超级美味的软零食，零食的中间有个洞，当你的猫没注意的时候，你可以把药藏在里面。顺便说一句，把药片藏在食物里对猫来说很难奏效。有些猫咪甚至早就知道你在琢磨着往零食里放一片药，直到你停止琢磨这件事时它才会吃。即使一开始藏药片起了作用，它们也通常很快就会发现这个猫腻，所以这个方法只有在尝试短期的药物治疗时才真正可行。

另一种不用给猫喂药的办法是给它们施以可以透过皮肤的凝胶。一些药物可以制成凝胶，这同样由复合药剂师制成，我们可以将它敷在猫的耳朵上，狗也可以通过皮肤来吸收。如果不是因为不同个体的皮肤吸收情况有所不同,这将是个理想的办法,这经常需要我们去做更多的监测。而且,只有少数药物才能采用这种办法。尽管如此,还是有必要去问问你的宠物医生关于这个选择的情况,特别是对于慢性药物而言。

策略二:如果你不得不给你的猫喂药,或者出于某种阴暗的原因,你真的更喜欢亲自给猫喂药,那么这里有一个小诀窍。我是右撇子,所以我会把猫放在我左边的桌子上,用我的左肘把它按在我身上。我会把药片放在我右手的拇指和食指之间,然后我会用左手抓住它的脑瓜顶,轻轻地把它的头往上掰。下一步,我将用右手的中指伸到它的尖牙后面来撬开它的嘴(别笑了,我是认真的)。它一开口,你就要把药片尽可能地放到它舌头的最远处,然后立即合上它的嘴。你应该准备好一支注射器或是滴管,还有两三毫升的水。然后把注射器从它的嘴角处塞进去,一直顶到它脸颊的地方,迅速地把水喷进去。给它擤鼻涕的话,有时会促使它咽下药片,有时也会鼓励它给你一爪子。但是给水是很重要的,这不仅能让它吞下药去,而且还能防止药片卡在食道里——那会导致严重的并发症。

顺便提一句,你可能知道,大多数狗是完全不同的。一篇《给狗喂药》的文章会是短短四个单词:"腊肠、奶酪、花生、酱。"

消防水带和布丁

大多数人看着这个标题,都会在心里想:"这很怪啊,消防水带?布丁?它们是如何联系起来的,这个与宠物或宠物医生有什么关系呢?作者在之前的一篇文章中用了'消防水带'这个词,是关于这件事吗?"

另一方面,在宠物诊所工作的人们会轻轻地发出"咦"的声音并捂住脸,因为他们心里跟明镜似的知道我要写什么了。我要写一篇关于腹泻的文章,我会努力不让自己写得太恶心,这对我来说很难,但我会努力的。

虽然这件事看起来挺明显的,但还是让我们从它的定义开始吧。从医学角度看,腹泻是一种大便,这种大便中含有足够的液体,让其无法再保持一种快乐的原木形状。一次不正常的排便可能是意外,但如果它连续发生几次,我们可以恰当地称之为"腹泻"。如果你想对此进行深入研究以探知其原理,你可以参考布里斯托尔大便测量表,从1到7给便便打分(如果你花了一些时间上网查资料看的话——你乐意的话,你——请注意,上面说的得分为五分的大便"缺乏纤维"只适用于人类。在动物身上,我认为5分是濒临腹泻)。我们有时称5分的大便为"布丁",而7分,如果喷出来的话,那就是"消防水带",这是最恶心的部分!一切都结束了。好了,你现在可以安全地往下读了。

一旦你知道你的宠物腹泻了,你真的只需要考虑两个重要的问题:第一,它这样已经持续多久了?第二,你的宠物是否还有其他症状,或者它是否正常和快乐?

对于第一个问题,我们这里只讨论大约不超过两周的腹泻,这属于急性腹泻。"急性"这个词有时会让人感到困惑,因为有些人认为它的意思是严重的,但事实上并非如此;它只是指最近发作的疾病。慢性腹泻是由一系列其他原因引起的,需要不同的测试和不同的治疗方法。幸运的是,慢性腹泻相对来说比较罕见。相反,急性腹泻是非常常见的。

如果动物出现的症状只有腹泻,没有呕吐、缺乏食欲或嗜睡的问题,那么你可以按照这里的建议行事,或者只是打电话、发电子邮件给你的宠物医生征求意见。不过,如果有其他症状,最好带它去检查一下。

在我们开始做什么之前,先说说原因。在没有其他症状的前提下,本来很健康的宠物的急性腹泻几乎都是由病毒或是我们所说的饮食上的不谨慎引起的。即使你的宠物没有和其他小动物接触，病毒性腹泻依然有可能发生，因为在大环境中就存在这些病毒，而且病毒很容易通过它们的爪子（尤其是狗）或通过你的鞋子进行传播。饮食上的不谨慎仅仅是说它们吃了一些它们的消化系统无法消化的东西，比如在路上死了五天的小松鼠，大馅儿满满的比萨皮或垃圾堆里一个烦人的随便什么东西吧（尤其是狗，是的又是狗）。记住，它们所能消化的东西会随着时间的推移而改变，所以虽然很多快餐店多年来培根薯条做得都很好，但这并不意味着它们现在不会让动物拉肚子。

急性腹泻的治疗通常很简单，因为机体有一套显著的愈合机制。通常我们需要做的就是关掉水龙头，关掉大便制造机的电源。要做到这一点，我们需要暂时用低残留的食物取代它们的常规饮食，这些食物只会产生少量的粪便，因此可以让肠道休息一下以利于治疗。要这么做的话，你有两个选择。你可以从你的宠物医生那里购买有商业处方的低残留食谱，如GASTRO（一种治胃炎的药）或I/D（消化道疾患处方粮），也可以亲自给你的宠物下厨。对于狗来说，这个神奇的食谱是：一份精选的熟碎牛肉（煮熟或煎炒，然后沥干，直到它变成了没有脂肪的肉干为止）——或者，如果你的狗吃不到牛肉的话，用瘦鸡胸肉——分成两份（按照体积来，眼睛看着两份差不多就行)搭配煮熟的白米饭(不是糙米)。

就是这样了!经常让它们少吃多餐是最好的。除了水以外,零食和什么别的吃的都不能从它们的嘴里进去。而对于猫来说,我通常只推荐一种不含大米的纯瘦肉的蛋白质食物,如水浸鱼罐头、熟鸡肉或火鸡胸脯。

给它们喂这些食物,直到它们连续四十八小时没有再拉肚子为止。如果在那之后它们还是拉,请打电话给你的宠物医生!这段时间里它们可能根本没有大便,但这并不意味着便秘,这只是低残留饮食产生的排泄物极少的结果。两天之后,你再把低残留食物和它们的常规食物五五分地混在一起让它们吃上一两天,然后再完全转换成常规食物。

最后一个问题是,腹泻已经持续了几天,但不是慢性的,那么可能是失调引起的,这是一个有趣的词,也是一个有用的词,因为它描述了正常肠道菌群的不平衡状态。我们越来越了解大肠中的细菌的益处了。那只死去的松鼠或路边的病毒有时会导致细菌数量发生变化,损害肠道产生正常粪便的能力。因此,如果几天的低残留饮食并没有起到作用,你的宠物医生可能会推荐一种含有益生元的食物,一种可以喂养健康细菌的食物,比如罐装南瓜(听起来很怪但是真的),或益生菌,它能提供大量的有益细菌。几年前,我们推荐酸奶,但幸运的是,现在你的宠物医生可以提供更好的、更多的针对狗和猫的益生元。

祝你好运,正常的便便!(啊哼,布里斯托尔大便量表三四级。)

大便的彩虹

容易被冒犯的读者们,或是那些有品位的读者,可能还没有越过标题去理解这个警告。但作为一个预防措施,无论如何这里都需要出现一个警告:这篇文章完全致力于讨论狗屎的颜色和其成因。是的,又是关于大便的事,这真的很重要。人类医学并没有把重点放在它身上,这让我感到很惊讶。

由于我并没有一只陪着我长大的狗,我最早的关于狗的记忆源于我的朋友和亲戚的狗。尤其是,我记得安蒂——我的朋友德尔温·罗韦尔斯家里养的那只漂亮的黑色标准贵宾犬。德尔温住在我家的下一个街区,我们经常去对方家里串门。罗韦尔斯一家是荷兰人,他们喜欢将红色卷心菜加上苹果一起炖,这样一来卷心菜会变成鲜艳的紫色。德尔温家的奥玛从荷兰过来探亲,她很爱安蒂,安蒂也很爱她。安蒂爱她是因为奥玛会在德温父母没注意的情况下给它喂餐桌上的好吃的。有一天,在他们吃这种卷心菜的时候,奥玛给安蒂备了好些,还夹了一些猪肉和土豆泥。之后狗拉出来的粪便都是紫色的。正好拉在了他们的白色粗毛地毯上(毕竟,这是发生在20世纪70年代早期的事情)。光彩夺目的、鲜亮的紫色。我根本没法向你解释这件事给一对六岁的小男孩留下了多么深刻的印象。我们瞪大了眼睛,嘴巴大张着,用手指着那儿……那一整天我们都在谈论这件事。见鬼,我们那个月都在谈论这件事。紫色的便便!德尔温,你的狗拉了紫色的便便!

快进四十七年,如今我仍然在努力尝试分析狗屎的颜色问题,因为每个星期都有客户拿着这类问题来问我,他们不知道到底发生了什么。因此,为了给你以启迪,这里有一个狗屎光谱的实用指南:

棕色:让我们从一个简单的开始。任何形状的棕色大便都是正常的,它的颜色深浅可能会随时间的不同而变化,没有特别的原因,但它们都是好便。

黄色、绿色或橙色:这一类通常是带有这些颜色的淡褐色的大便,但这些也是好的。你只是在里面看到了更多的胆汁而已。这可能发生在肠道收缩稍快或是消化某些特定食物之时,但只要它呈固态,就是好的。

红色:大多数的电话和求诊都是因为这种情况,并且我完全可以理解这种警惕。是的,红色就是指血。不过,一般情况下,红色的血液如果呈斑点状或条纹状,或只是在大便结束时才少量出现的话,大可不必担心。(相反,如果整条大便都是红色的,你应当提高警惕,并且应该立刻打电话给你的宠物医生。)斑点和条纹状的血液只是意味着肛门、直肠或结肠的末端部分受到了刺激,可能是有一些什么东西划破了小血管。如果只有一两次,而且粪便没有其他问题,或者只是有点软的话,不用担心。如果这事发生过几次了,打电话给你的宠物医生。

紫色:看看上面安蒂的故事。

蓝色:从来没见过这种颜色,我没有什么概念,马上给你的宠物医生打电话。

白色或灰色:你的狗之前很可能做了钡剂吞咽试验,你看到的是钡剂残留。如果不是这样的话,你知道我要说什么:快给你的宠物医生打电话!

黑色:这是最重要的颜色,真的是你唯一需要注意的颜色。如果大便像焦油或糖浆一样呈深黑色,特别是如果它柔软、发亮还黏稠的话,你的狗可能有所谓的"带血黑粪"——也就是说,消化后的血液来自消化系统的更高层,比如胃和小肠。这可能是非常严重的问题,因为这表明它身体里可能有出血性溃疡或肿瘤。不过,请注意,碱式水杨酸铋片也能使大便变黑。

好了,你现在知道了吧。虽然大便的连贯性、大小、频率和排便时的力度都是有关你家狗的粪便的重要信息,颜色嘛,也许让你有些惊讶了,但通常也不是我们要考虑的因素。除非咱们讨论的颜色是黑色。

而对于养猫的人来说,我会说,或多或少同样适用吧,尽管出于某种原因,你几乎不会像养狗的人一样那么频繁地问宠物医生怎么回事。一个有趣的事实是,如果你有很多只猫,然后其中一只猫拉在了外面,但你也不知道到底是哪只猫干的,你可以在一只猫的食物里加上无毒的小亮片,直到你发现那到底是哪只猫的杰作。

没有,我没疯啊!是的,我对这一切都是极度认真的呢!

以字母"A"开头

是的,亲爱的读者们,今天我们要谈谈你宠物的肛门。害怕了吗?如果是这样的话,现在退出还不算太晚,赶紧去看看脸书右上角在过去十五秒里是否有什么新鲜事发生。但如果你还跟着我的话,你会得到一个特殊的福利,因为我们不只是要常规地谈论肛门的事。

是的，我们要特别地谈谈肛囊。

大多数人称它们为肛门腺，但科学地来说，它们不是腺体，所以宠物医生们被教授了正确的名称来称呼它们：肛囊。然而，大多数宠物医生很快就会遇到这种情况，我在诊所里待了几年后就遇到了这样的事儿。

"问题在于贝拉的肛囊[1]。"我说。

客户扬起她的眉毛，微笑着说："你必须非常小心你的发音。"

的确。天真地说，我以前没有考虑过这个。我并不经常脸红，但这次我的脸烫得像火炬一样。在这件事发生不久之后，一位同事告诉我，他本来是想先描述一下狗的基本解剖结构再解释狗的屁股后面为什么会发炎："是这样，你的狗有肛囊……"

客户怒不可遏地打断了他的话，"它肯定不会有的！"

所以啊你要非常小心第三个"a"的发音，或者直接叫它们肛门腺吧。

你问它们为什么有这些奇怪的小结构？它们主要用于气味标记，所有的食肉动物都有。臭鼬拥有最为著名的肛囊，并且把这种"通信设备"变成了一种武器。但是对于我们的狗和猫来说，那些臭烘烘的秘密包含着关于它们的信息。具体而言，我们并不知道是什么信息，

---

[1] "anal sacs"为肛囊，"anal sex"为肛交，此处有发音被误认的风险。——译者注

但我们可以猜测是关于性别的信息，也许还有一些带有个体特征的标记。这就是为什么动物，特别是狗会去闻大便。它们并不一定对大便本身感兴趣，而是对大便上的肛囊物质感到好奇。

这就引出了一个问题，那就是这些囊通常是如何清空的。当动物有适当程度的肠道蠕动时，便会排空肛囊，压力会透过肛门挤压肛囊。这种情况若没有发生，那么或许是因为腹泻或大便有轻微异常，又或者只是随机出现在一些个体中。通常，一只肛囊饱满的狗或猫会去舔这个部位，或以一种非常明显的方式进行"挪动"，它们会坐下来，然后拖着屁股用前腿拉着身子往前走。注意：挪动不是由虫子引起的！这个古老的神话真是非常久远。

如果它们成功地用"挪动"或"舔"的方式清空了囊中的液体，你就会知道——这种气味令人永生难忘。有一说一，肛囊分泌物是这个地球上最有害的潜在物质之一。但是，如果它们运动失败了，你应该打电话给你的宠物医生。我们工作中最吸引人的部分之一就是戴上乳胶手套，涂一点润滑剂，然后用手挤压动物的肛囊。还有一个很酷的事——如果你的狗的肛囊经常出现问题，我们可以教你如何在家里挤压肛囊！[1]不需要医学学位！不过，这显然不适用于每个人。

---

1 对于那些难以自拔的好奇人士来说，《傻瓜入门》系列实际上是一个关于这件事的在线教程。——作者注

如果这个囊积蓄了很长时间,那么里面的物质会变厚,难以被挤出来。这种增厚的物质也会被感染,导致肛囊脓肿。有些狗没有明确的类似于"挪动"的警告标志,那么,当脓肿破裂时,你首先会注意到肛门附近的鲜血。幸运的是,这通常很容易通过抗生素来治疗,但同时也可能是一阵惊慌失措的混乱。

预防当然总比治疗好。没有万无一失的方法来组织肛囊充盈,但在饮食中添加纤维可以帮助肛囊排泄。一种纤维的来源,如膳食纤维、燕麦麸或南瓜罐头可以增加大便的体积从而帮助肛囊自然排空。至于量度,由纤维的来源和狗的体积来决定,所以你得咨询你的宠物医生。顺便提一句,我们一般不会在猫的饮食中添加纤维,但幸运的是,猫的肛囊不太可能出问题。最后一点要注意的是,在一些动物身上,食物过敏可能会对肛囊健康产生一定的影响,所以问问你的宠物医生这种可能性有多大吧。

我还没有讲我知道的最粗俗的肛囊故事这节就讲完了!我为自己感到骄傲。

黄色

在写了《大便的彩虹》之后,我该把注意力转向小便的颜色了。很明显的是,我不会在这里谈论彩虹。

小便是黄色的,你知道得真多。但为什么是黄色的?你知道吗?你真的在乎吗?快,我们来谈一点科学(就像在20世纪80年代的教育节目中一样,发出"科学,科学,科学"的响亮回声吧)。尿是黄色的,因为尿里存在尿胆素。尿胆素是胆红素的分解物,它也使胆汁呈现出那种黄澄澄的颜色。反过来,胆红素又是血红蛋白的分解物。因为红细胞处在不断地被翻转的过程中(一般人每天有一亿红细胞死亡,但幸运的是,每天也有一亿红细胞产生),体内需要清除的尿胆素废物源源不断。

尿液中也充满了各种各样的废物,尤其是尿素,它是蛋白质代谢的副产品。不过,这些其他的废物是无色的,而且尿素或多或少是以恒定的速率排出的,所以尿黄的程度的唯一变量是一次排出了多少水。水越多,尿胆素越稀,黄色就越淡;水越少,尿胆素越浓,黄色就越深。合乎逻辑,对吧?

既然你知道了,你能用这些信息做什么?首先要明白的是,尿液的浓度每天都会变化,所以一泡清澈的尿或一泡暗黄的尿并不意味着什么。不过,如果你的狗(我等会儿再说猫的事)日复一日地尿出超级清澈的尿,可能是有什么不对劲的地方。但也可能它只是喜欢喝水,它的身体正在排出多余的水分,但是也不能排除糖尿病、肾病、肾上腺疾病等问题。如果你的狗日复一日地尿出暗黄色的尿,它可能脱水了,你应该给你的宠物医生打电话讨论这件事。

以上这些对狗来说都够了,但是猫咪呢?只有在你过度地侵犯它们的隐私,或是你很不幸地在白色的毛巾和床单上发现尿液的时候,才能看到你的猫咪尿出的究竟是什么颜色的尿。但是,如果你使用的是那种可以结块的猫砂,你可以用结块的大小来猜测尿液的浓度,因为随着结块体积的增加,尿液的浓度则趋于下降,反之亦然。如果团块变得更大,尿液可能变得更稀,你应该联系你的宠物医生。同样的,如果团块变小,需要确定猫咪有没有脱水方面的问题。

那么关于其他颜色呢?红色是唯一值得一提的问题。尿液中的任何红色或粉红色都表明可能有感染、炎症或结石等问题,都需要引起宠物医生的注意。另外,如果是在4月1日的话,你可以收集一个正常的尿液样本,然后在里面放一些蓝色的食物色素,送到你的宠物医生所在的诊所。

最后,顺便再来几个关于小便的真相。

很多人认为,肾衰竭的宠物会停止排尿。事实则恰恰相反,直到生命的最后,肾衰宠物都会产生大量的稀尿。衰竭的肾脏是不能浓缩尿液了,而不是不能制造尿液。

尿能杀死草是因为尿素的氮含量很高,就像把一堆氮肥倒在一个地方一样。

更臭的狗尿通常意味着更浓的狗尿(除非你给你的狗喂了芦笋或其他奇怪的东西)。实际上我经常问客户这个问题,感染是一个可能的原因,但通常还有其他症状,如意外、紧急事件或过于紧张。

狗和猫可以通过它们的尿液气味分辨出大量的其他特定的狗和猫,所以你的狗在散步时四处嗅闻是为了弄清楚谁在那儿,还有它们是否互相认识。长时间的深嗅通常意味着对方是一种不熟悉的动物。每当有狗狗在我身上撒尿,那么我下班回到家时,对我的狗奥比特来说,都是一个血脉偾张的时刻。

面包和耳朵们

咣,咣,咣——提米的尾巴不断地敲击着他身旁的墙壁,当我举着他期待的小香肝过来的时候,尾巴的节拍加速了。你知道有些狗是怎么笑的吗？提米肯定笑了，一个超级开怀的黑色拉布拉多的笑容。

"他真的很喜欢那些零食！"辛格太太说。

"提米不只是喜欢这些零食。"我这样想着，打量着他啤酒桶般的身躯。但他是一只快乐的狗，一个不错的病患，而且我们今天不打算再讨论他的体重了。今天我们要再说一下他的耳朵。

"那么，他的耳朵又在烦他了？"我一边问一边蹲下去挠提米的脖子，然后小心地抬起他的右耳朵。他尾巴的节拍慢了下来。

"是啊，他昨天又开始摇头了，而且我也没有给他用滴耳液了。"

提米的右耳朵里呈现出鲜红色，耳道里充满了一种气味刺鼻的黑色物质。我轻轻地插入耳镜的尖端，以便看到耳道的更深处。提米尾巴的咣咣声完全停了下来，他也不再笑了，但他还是一动不动地让我给他做检查。做完检查后，我直起身子，又给了提米一块零食吃，然后告诉辛格太太："耳朵恐怕又是被酵母菌感染了。"

通常我会擦拭一下它们的耳朵然后送到显微镜下观察，以此来确定那里到底长了些什么。但提米的这种情况实在太典型了，而且这件事发生太多次了，所以没有什么必要送检。提米的耳朵第一次感染酵母菌时，辛格太太吓了一大跳，因为她把他的病与人的酵母菌感染联系在了一起，但狗耳朵感染和人的感染是两码事。

通常它们的皮肤上和耳朵里都存活着低数量的酵母菌。我们都有一个有益的细菌和酵母菌生态系统,并与自己的身体系统保持平衡。然而,酵母菌与面包酵母是一样的,它们在温暖或潮湿的条件下会迅速繁殖。如果狗的耳道发炎了,就像你准备烤面包时打开烤箱一样。这尤其适用于耳朵比较大的狗,(关上那个烤箱门!)耳朵比较竖直的狗偶尔也会感染这种疾病,但它们的发病率要低得多。随着酵母菌的繁殖,它们会产生强烈的、蜡质的、带有恶臭的分泌物,并进一步促使耳朵发炎,形成一个不断恶化的炎症——酵母菌感染的恶性循环。

好吧,你说,现在明白了——但为什么会是耳朵先发炎呢?一句话:过敏。虽然还有一些其他的诱因,但过敏是诱发这些炎症的主要原因。这有时会让人们感到惊讶,因为他们不知道狗也会过敏,而且他们对过敏只会影响狗耳朵这件事感到惊讶。关于第一个惊讶,我要说狗确实会过敏。它们怎么可能不会过敏啊!过敏这件事实际上非常普遍,特别是对一些特定的品种来说。过敏这件事说来话长,但这次咱们不是聊耳朵吗,我只要说一点就够了,狗狗们通常是对室内有灰尘、花粉或霉菌的环境过敏,偶尔也会对有蛋白质成分的食物过敏。过敏可以发生在任何年龄段,并可以改变宠物的一生。而就过敏只影响耳朵这件事来说,部分原因是耳朵上的皮肤是机体最敏感的皮肤,还有一部分原因是关上了门的烤箱会让耳朵里的过敏现象更加明显。顺便说一句,你记得我提到过潮湿的环境也会促进酵母菌生长吧,所以有些时候我们会在狗游泳或洗澡后发现它们的耳朵感染了。

我以前向辛格太太解释过这些事,但她发现她没法坚持让提米按那种可以解决他食物过敏问题的食谱来进食,而且她也不太愿意去操心环境过敏的事,那也太复杂了。这些药水效果非常好,但她更喜欢根据狗狗的需要来补充药水。我又向她解释了一遍需要给他定期清洗耳朵,因为狗耳朵的正常自我清洁机制已经被反复的感染破坏了。我再次解释说,给小狗的耳朵滴药水需要做完整个疗程,而不是症状一消失就停下来,但我感觉她已经不怎么搭理我了。好吧,我就重新补充药水好了,这就是她来的目的。你知道吗?老实说,我并不会遵循我的医生给我的所有建议。不信你问问我牙线的事……每个人都尽力了吧。我们医生所能做的就是往"最好"一词的定义里灌点水。

现在,戳戳耳朵和哇啦哇啦的环节已经停止了,"咣,咣,咣"又真诚地开始了。提米知道我们已经结束了,他摇摇晃晃地微笑着,明显希望能得到一块小香肝作为告别礼物,所以我不得不和他一起微笑。

咳、吭、喘

通向我办公室的大厅走廊里有四个检查室。前几天我上班的时候，四扇门中有两扇门上贴着"禁止狗入内！！"的标语。不，这并不意味着我们正在转变成一家猫咪诊所（尽管这在心丝虫季节听起来很吸引人）。相反，这意味着我们正经历又一次"犬舍咳"的大爆发，必须对一些房间进行消毒。

很不幸，犬舍咳是一个很容易引起误会的名字。作为一个书呆子，我还是喜欢更准确的说法——"犬传染性气管支气管炎"，但我们书呆子是一个常常被攻击和误解的少数群体。犬舍咳这个名字的主要问题在于犬舍的部分，狗在与疾病携带者密切接触的任何时候都可能感染这种疾病，尤其是在室内，而不仅仅是在犬舍里。了解这种疾病最简单的方法就是把它当作人类的普通感冒。当然，学校和幼儿园（也就是说，孩子们的小"狗窝"）是孩子们很容易传染感冒的地方，但是你和其他人在一块待着也容易被传染。这个名字的咳嗽部分有时也会引起误解，因为有些人认为他们的狗可能是噎着了，或是卡着了，又或是在干呕，而不是在咳嗽。这可能会更令人感到困惑,因为剧烈的咳嗽会导致有些狗吐出痰或者唾液,很容易让焦虑的宠物主人以为这是呕吐。

但尽管如此,我并不想通过一篇文章去改变成千上万人的想法,为了清楚起见,让我们继续称之为"犬舍咳"。现在我想我应该解释一下它到底是什么了。当我把它比作人类的普通感冒时,我已经举手投降了。感冒的人打喷嚏的次数可能比咳嗽更多,因为他们的病灶主要在鼻腔,而狗几乎只会咳嗽,病毒会优先侵入它们的气管和支气管,除此之外,这个类比在很多方面都是非常有用的。

就像人类感冒,犬舍咳有如下特征:

1)具有很强的传染性,但并非所有的狗都会感染此病,因为某些狗有免疫力。

2)是由大量不同的微生物引起的。在人类身上,只有病毒。在狗身上,主要是病毒加上一种细菌(博德特氏菌)和一些既不是病毒也不是细菌的怪胎,它们叫作支原体。

3)通常为期一至两周,无须医疗干预。

4)偶尔会出现继发性并发症,如肺炎或细菌性支气管炎,特别可能发生在虚弱的、有其他疾病的、非常年幼和非常衰老的狗身上。

因此,如果你的狗在咳嗽,但仍然像一个二傻子那样风卷残云般的吃狗粮并四处狂奔,请在冲向宠物诊所之前给你的宠物医生打一个电话。我们不想在候诊室里传播病毒,而且这通常可以通过电话进行鉴别、分类并给出有用的建议。(同事们,请不要因为我提出了这个建议就给我发恐吓邮件。)有时候,如果咳嗽扰乱了睡眠或者其他方面很烦人的话,我们可能会推荐一种止咳药给你。但是,我们必须要见到那些可能会有并发症的狗。这些狗在咳嗽的时候可能情绪低落,不想吃东西或者吐出一些厚重的淡黄色黏液。而有呕吐、腹泻或鼻涕,当然也包括咳嗽症状的幼犬,都请你马上带去宠物诊所。

犬舍咳和人类感冒的一个重要区别是我们有犬舍咳的疫苗。这些疫苗主要是用来对抗博德特氏菌的,有的还能对抗一些病毒。但由于潜在致病微生物的数量众多,这些疫苗只能帮助降低风险,它们不能像狂犬病或犬瘟热疫苗那样为狗提供保护。尽管如此,效果不尽如人意的防护在狗处于高风险的情况下仍然是有用的,比如,你来猜吧,有狗舍、狗狗托管和狗狗培训班等,许多这样的机构都需要狗狗接种疫苗的证明,因为他们想降低二十只狗同时咳嗽的风险。在允许不拴狗绳的公园里,风险是会变化的,通常会低一些,尽管这取决于你的狗与别的狗亲密接触到什么程度。把它想象成幼儿园和儿童游乐场吧,幼儿园是一个放在保温箱里的培养皿,但在操场上,你的孩子不会在一个人荡秋千的时候被传染感冒,他们只有在舔滑梯或和朋友摔跤的时候才会如此。

打一针犬瘟疫苗

你刚进宠物诊所不久,就会碰见有人带着一只失控的小狗狗进来,对小狗狗即将打"犬瘟"疫苗表示欣慰,"他今天得打犬瘟疫苗了,对吧,医生? 我简直等不及带他打这个犬瘟疫苗了!"

"嗯……是的……"

公平地说,这是一个奇怪而混乱的名字,它的起源可以追溯到现代医学出现之前。在19世纪中叶以前,流行的理论认为健康即人体的四种"体液"相互平衡,这四种"体液"又被称为"脾气":血液、黄疸液、黑疸液和痰。你仍然可以在今天的语言中看到它——忧郁在希腊语中即黑色胆汁,事实上抑郁的人被认为体液的平衡出了问题,身体内分泌了过量的黑色胆汁(据医学记录,真正的胆汁是绿黄色的,但你可能已经知道了这个事实)。患了犬瘟热的狗会病得很重,可能会吐出痰、胆汁和血(或在大便中排出),所以人们认为它们是脾气不好的狗——犬瘟。

那么到底什么是犬瘟热呢? 这是一种由和人类麻疹病毒有关的病毒引起的疾病,尽管两者在症状上有很大的不同。这些得了犬瘟的狗通常有一系列的症状,包括发烧、鼻涕过多、呼吸困难、呕吐、腹泻、失明,最后还会有神经系统的问题,有时甚至包括癫痫发作,它是通过病狗的排泄物来进行传播的。从暴露到首次发病,其潜伏期可以长达五天。没有针对性的特效药,只有支持性的护理,而且必须得时刻盯着小病狗以防它撑不住。即便如此,仍有大约一半被感染的狗会因此死亡。

令人困惑的是,猫瘟,更准确地说是猫泛白细胞减少症,与犬瘟无关。它实际上是犬细小病毒的近亲。

顺便说一句,犬瘟也会传播到野生动物身上。狐狸、草原狼和狼绝对是很容易受影响的,而病毒的某种变异还蔓延到了海豹身上,在海豹那里,它曾摧毁了一些族群。奇怪的是,一些有袋类动物也很脆弱。此外,犬瘟也在壮观的塔斯马尼亚虎族群(也称为袋狼)的灭绝中起了一定的作用。

这些都是坏消息,好消息是这些疫苗非常有效而且安全。因此,如今犬瘟在疫苗普及的地方是非常罕见的,比如我们的城市。所以当我们看到病例的时候,通常它们都是来自偏远社区的小狗。而在北极和与世隔绝的土著地区,犬瘟仍然十分猖獗。

实际上,我撒谎了——坏消息我还没说完呢。宠物的主人拒绝给狗狗接种疫苗的趋势令人担忧。多久注射一次疫苗是一个正经的有争议的话题，但从不接种疫苗真的是胡来（这还是我的礼貌用语）。仍有少数宠物的主人拒绝接种疫苗，幸运的是，因为他们的大多数邻居更加理智也更负责任，所以病毒还不能站稳脚跟，他们的宠物也因此蒙受恩惠，但这种情况可能会改变哦。就人类而言，在疫苗接种率下降的地区，百日咳的发病率开始变高。对婴儿来说，百日咳有时是致命的。

犬瘟比百日咳更具致命性。

而接受培训是治疗"犬瘟"的灵丹妙药，现在，只要让我们打上一针。

绝育日

假设哈德逊湾公司的律师们都保持沉默，那么每年11月，曼尼托巴兽医协会都会赞助一个"绝育日"。该活动的初衷是让人们在特定的诊所给动物进行绝育和阉割手术时获得大幅折扣。

这真是一个可以来解释到底什么是绝育和为什么我们要这么做的完美机会啊。让我们从那个奇怪的单词"spay"（绝育）开始吧。它从拉丁语的"spatha"开始，意思是宽剑（有点吓人吧），之后从中衍生出了"spade"（铁锹）和"spatula"（铲子），以及古代法语的"espeer"，意思是"用刀子砍"，然后它到了英国，在那里变成了"spaier"（阉刀）和"spaied"（阉割），事情就在这里开始变得特别奇怪。在那里，它最初被用来描述在狩猎过程中用一把薄刃以一种特殊的方式去切割一头鹿，但在1410年，也有人提到一只母狗被"阉割"，而不是其他动物被"阉割"的事。他们是如何设法"阉割"了这只母狗，并让它在1410年存活下来的，现在还不清楚，但从那以后，这个词便与从珍贵的猎犬身上切除卵巢这件事联系在了一起，并由此演变出了之后的现代用法。

很抱歉，这可能超出了你想知道的事实的范畴，但我真的上头了。无论如何，是的，这是个奇怪的词。

技术术语则更为明确：卵巢子宫切除术。事实上，你知道这件事可能对你来说会很有用，任何以"切除术"结尾的手术都需要切掉一些东西。所以当你的医生开始说"什么什么切除术"的时候，要竖起耳朵听他的话。据记载，后缀"切开术"意味着在某处切开一个临时的洞，而"造口术"意味着在某处做一个永久或半永久的洞。所以想想吧，当医生说"什么什么造口术"的时候，你也得开始认真听他的话。

写到这儿意味着我在文章中已经浪费大半时间去讨论术语了，

让我们讨论一些有用的东西吧——有人问过我关于绝育手术的事。

1) 最重要的一个: 我是不会让我的狗跑出去怀孕的, 那为什么要做绝育呢? 我们有句话叫作:"所有的宠物都是会被绝育的, 这只是一个急需还是非急需的问题。"这是因为有一种叫作子宫积脓的东西。人们有时会争辩说, 他们不想给动物做绝育, 是因为这是"不自然的", 而忘记了大自然的意图是让动物在每一个周期内都怀孕。如果这种情况没有发生, 而且让动物们不自然地循环"空窗", 那么动物们打开的子宫颈和等待的子宫床就会有很大的危险, 细菌会乘虚而入, 导致可能危及生命的子宫积脓感染。一项研究显示, 有23%的不满十岁的成熟的雌性狗会出现子宫积脓。十岁以后, 这个比例迅速攀升。

2) 好的, 你明白了, 那么你为什么不让你的狗做子宫切除术呢? 首先, 卵巢就在子宫旁边, 尽管它在防止怀孕方面同样有效, 但把卵巢留下来会让狗继续发情, 这并不是一件更容易解决或更轻松面对的事情。为什么会出现这个问题? 在狗身上, 这是一个问题, 因为12%到16%经历过发情周期的狗会患上乳腺癌, 而几乎没有狗在第一次发情之前就被切除了卵巢。其中许多是良性肿瘤, 但仍需要接受手术——通常是多次手术, 有些还是恶性的。猫的情况更糟, 因为有

90%的猫的乳腺肿瘤是恶性的。而且,任何想把卵巢留在他们的猫咪体内的人,都别想在猫咪的发情期内过上好日子。

3)好吧,但是风险呢? 任何手术和全身麻醉都有一定程度的风险,但在兽医学中,这是一个非常常见和安全的手术。在我做手术的二十八年里,我不记得有任何一起死亡是和绝育相关的。这并不是说它不会发生,而是动物因子宫积脓和乳腺肿瘤死亡的风险较之要高出一个数量级。

4)但那些在绝育后面临的长期性膝关节风险呢? 你真是个小机灵鬼。但生活中没有什么比时间更简单了,不是吗?一切都变得更加复杂了。是的,在过去的几年里,许多证据已经揭示:在一些动物品种里,早做绝育和膝盖十字韧带撕裂的风险的增加有关。多早算早呢,而且这种风险到底增加了多少呢?关于这件事我就不说什么了,我只建议你去问你的宠物医生。这确实需要逐一去说开,因为这里面有许多因素在共同发挥作用。

所以,如果你在曼尼托巴省,或其他会庆祝绝育日的地方,请找到日期并在日历上标记出来吧。我想你们大多数人读到这篇文章的时候你们的宠物都已经做过绝育手术了,所以就用这一天来庆祝它们的绝育吧。

接受辅导

在一项民意调查中,宠物医生们说他们非常喜欢动画片《远方的传说》中的一幕,有一只狗在要被带去宠物诊所的时候向他的朋友吹牛,"我要去兽医那里接受辅导!"

这在几个方面都挺好笑的,与这篇文章有关系的部分是它突出了"切除"和"阉割"两个术语的界定问题。即使是受过良好教育的客户也会谨慎地对待这个问题:"我想是时候去带弗雷德……是切除还是阉割来着?"

对我的非兽医专业读者来说,阉割是针对雄性宠物的说法,切除是针对雌性宠物的概念。冒着以听起来觉得不那么专业的风险,一个方便的记忆方法是"阉割"(neuters)这个词里包含"坚果"(nuts),这让我想到了另一个让人困惑的问题:大家对这个手术实际包含的内容有着广泛的误解。

其实吧,阉割的技术术语是"睾丸切除术"(orchidectomy)。"那么,医生,你要把他的……'兰花(orchid)'拿出来???"是的,所以我们根本不用这个词,一个更形象的术语是"去势"(castration)。

一些专治大型动物的兽医常常兴高采烈地使用这一称呼。然而，与之相伴的动物世界则大为不同。想象一下一个可爱的小老太太，她小巧又毛茸茸的白色卷毛狗乖乖地坐在她的大腿上。他的每只耳朵根上都有一只蓝色的蝴蝶结，身上闻起来有股淡淡的桃子味。现在你想象我说："好的，巴特沃思太太，咱们是时候该给宝贝'去势'了。"更甚者，有些人认为"去势"就意味着切掉阴茎。咦！是的，就是有些人会相信这种事。不，我们从来没有这样做过（除非针对那些尿路频繁阻塞的猫，我跑题了）。

那我们该怎么办呢？我们这样做：我们用手术切除睾丸。（记得吗？"阉割"里包含"坚果"？）有时有人问我为什么不直接做输精管结扎术，这是因为生殖控制只是绝育的原因之一。在许多情况下，我们还希望消除机体产生睾酮的能力，以进一步减少其罹患睾丸癌和慢性前列腺感染的风险，这还可以帮助抑制猫狗的标记行为，减少四处游荡和雄性相互攻击的现象。你会注意到我写的是"帮助抑制"。人们经常用阉割宠物的办法代替宠物训练，这是不行的。

现在我要介入一个有争议的领域。实际上几乎所有的宠物猫都是做过绝育的，说例外的是那些已经切除了自己嗅觉神经的人。然而，并不是所有的狗都经历过绝育手术，至少在传统的六个月大的时候不会，而且——这是有争议的一点，这个做法很可能是对的。正如我在上一篇文章中提到的,现在有证据表明,那些容易发生膝盖十字交叉韧带断裂的犬种(通常是大型犬种),如果在身体完全发育成熟之前接受绝育手术的话,患病的风险可能会增加,这可能意味着一些品种要等到十八或二十四个月大时才能进行绝育手术。一些狗过早地绝育也可能会导致其他风险。这是一个正处在研究阶段的领域,所以请你(请求,求你了)在看了我这里或互联网上的内容后,在做出任何决定之前,先跟你的宠物医生聊一聊。我们所做的很多工作都已经从一刀切的样板建议发展到了为你家宠物量身定制的风险(收益)比的选项讨论。这是件好事,这是一件令人困惑的事,但是件好事。

我想那更像是浅尝辄止而不是冒险涉水。

最后,我要给你留下一个词:"假蛋蛋。"用假睾丸来给狗狗充当真睾丸,这样它就可以在外表上保持雄性气概。去吧,"谷歌"一下。是的,这事百分之百是真的,而且似乎得到了金·卡戴珊的喜爱。最后,这或许对那些想阉割他们的狗,却对狗的阴囊有着一种病态迷恋的人们有所帮助。不幸的是,这并不是那些人真正需要的帮助。话说,购买这种假蛋蛋还附赠一个超棒的保险杠贴纸呢!

参加派克大衣挑战赛

好吧,现在夏天真的到来了,我想向养狗的人发起一个挑战。如果你们的狗长着长毛或是长了底绒,请你穿上一件派克大衣。如果你们养着短毛,或是无毛的狗,穿上春秋款的夹克就行了。如果你的狗耳朵是毛茸茸的或是松松软软的,把帽子拉起来或者戴上无边绒线帽吧。知道了吗?现在才是有趣的那部分:一天二十四小时你都别脱……永远别脱。有人愿意玩吗?我等着哪……等啊等啊等……快点,伙计们!

公平起见,也是为了让这一挑战变得现实,你可以被允许种植一种吉恩·西蒙斯[1]式的舌头,并让它一直挂在外面冷却。

我想我们有时会忘记我们的祖先是在热带地区进化的这一事实。正因如此,我们才有一个超级酷炫的身体冷却系统,我们的身体既可以扩张被称为毛细血管的微小血管,也可以在我们(大部分人)无毛体表的每一处部位流汗。我们的狗的祖先是从亚北极地区进化而来的,因此它们只能依赖一条流口水的大舌头和一个出汗的小鼻子(和

---

1 1949年生于以色列,著名的Kiss乐队的创始人之一。——编者注

出汗的爪子垫,但那挺没用的)。我们已经创造出了一些更耐高温的品种,比如吉娃娃,它们有更薄、更短的皮毛和大而竖起的耳朵,可以做一些毛细血管扩张的动作,偶尔也有一些喜欢在阳光下把自己摊开来的二傻子,但是我们所养的大多数狗都不太耐热。

那你怎么能知道你的狗觉得很热呢?通过简单的判断:喘气。我收到过很多关于气喘吁吁的狗的问题,因为人们有时担心这是重病的迹象。大部分时候,狗喘气都不是发烧、心脏病或呼吸系统疾病造成的,如果没有其他并发症状的话,你的狗大概是由于以下三个原因而气喘吁吁:

1)它很热;

2)它很紧张、焦虑或者激动;

3)它很痛苦。

你应该首先排除压力、焦虑、兴奋和痛苦,但很有可能,你的狗只是想赶紧凉快凉快。这并不一定意味着它在受苦,不会比一个出汗的人受的苦更多了,但这确实意味着你应该发现它觉得很热,而且很可能是非常热。

希望这些解决方案简单明了,不用我再解释一遍了,但无论如何我还是会这么做的(再次列一个方便的编号列表):

1)专业的美容美发;

2）早晚出去散步；

3）进入室内凉爽的休息区；

4）搬到北极去。

猫可能是金丝雀哦

我为自己知道一些事情而感到自豪，所以我讨厌我不知道一些事的时候，而且这种情况发生的次数通常比我想要承认的要多。因此，当阿比·马西森，一个多年来养了很多很多猫的女人问我为什么以前从来就没有甲状腺功能亢进症时，我既感到困惑又对自己十分恼火。

她是对的。1979年，有报道称猫患上了一种新的疾病。年纪大的猫尽管胃口很好，但体重还是在迅速下降。纽约的一位宠物医生发现，这些猫的甲状腺上有良性肿瘤，导致甲状腺产生了过量的甲状腺激素，这种情况被称为甲状腺功能亢进症。很快，世界各地都有猫被确诊患有此种疾病。到了20世纪80年代末，我在上兽医学校的时候，估计每十只猫中就有一只患有这种病。这种疾病到底是从哪里来的呢？新的疾病偶尔也会出现，但它们总是起源于明确的传染病，如猫瘟病毒变异成的犬细小病毒，热带疾病向北迁移后变成的心丝虫病。

有人推测，这是因为猫活得比以前更久了，我们现在看到了更多的老年病。但这也说不通，因为预期寿命是逐渐增加的，而甲状腺功能亢进症的出现是相对突然的。作为一个神经质的群体，宠物医生们也很自责，以为他们之前大意了。但这也说不通，因为这种疾病后期的表现十分剧烈且显而易见，人不可能对此毫无察觉。一位研究人员查阅了七千份旧的尸检报告，也未发现甲亢的迹象。这真的是一种新疾病。

在20世纪90年代和21世纪初的十年里，人们提出了各种更为合理但仍有缺陷的假设，但为了加快故事讲解的进程，我将直接向你介绍答案。四个字母——PBDE，这是多溴二苯醚的缩写，一种常见的阻燃剂，主要用于家具泡沫、地毯衬垫、一些衣服和床上用品以及一些电子产品的塑料外壳中。据显微镜观察，多溴二苯醚分子是逐渐落入家庭环境，并成为灰尘的一部分的。猫靠近地面，即使在相对干净的房子里也会暴露在灰尘中。最重要的是，多溴二苯醚已经被证明是内分泌的干扰物，这意味着它们可以干扰猫身体的激素功能，而甲状腺是一种激素。值得注意的是，多溴二苯醚在20世纪70年代就开始被广泛应用，这都是间接证据。但随着一系列的更具说服力的研究源源不断地涌来，越来越多的研究证据也逐渐浮出水面。

2004年，加拿大政府宣布多溴二苯醚有毒，之后这种物质的生产和进口都受到了限制。然而不幸的是，它们仍然普遍存在于环境中，工业界通过设计新的阻燃化学物质来避开这些法规，这些化学物质可能会产生同样的效果，也可能不会——现在还没人知道到底会不会。政府的规章制度很难赶上这些变化。尽管如此，我想我现在看到的甲状腺功能亢进症的病例比我在20世纪90年代看到的少多了，我看到的更多是胰腺炎。患胰腺炎的狗的数量基本上没有什么改变，但猫的胰腺炎诊断已经从二十年前的非常罕见一路发展到了现在的每周确诊一例的情况。我们刚才没说这件事是吗？我以为我们刚才已经聊过了这个……

每个人都听过"煤矿的金丝雀"这个词吧。在现代有毒气体探测器出现之前，煤矿工人确实把金丝雀带到矿井里去过。鸟类对一氧化碳的累积程度比人类更敏感，所以当它们开始显现出中毒的症状时，就是矿工们离开矿井的一个预警。在这种情况下，值得注意的是，自20世纪70年代末以来，人类甲状腺癌的发病率比大多数其他癌症的发病率增长得更快。这还远没有定论，研究仍在进行中，但也许我们的猫正在告诉我们一些事情，也许我们应该仔细地听听。

以"C"开头的单词

是的,猫和狗会得癌症,还有海龟、金鱼、虎皮鹦鹉和老鼠,实际上,尤其是老鼠。一般来说,大多数疾病都以某种形式存在于大多数动物中,本质上我们所有的生物都差不多。很多人听到这个消息的时候还都挺惊讶的。当然了,他们听到这个消息以后也很难过,这毕竟是最可怕的诊断结果啊。

但是你应该知道一些关于癌症的事情。首先,它不是一种疾病,而是一大类疾病。实际上,只要细胞开始以一种不受控制的方式分裂,从科学上来讲,它就是癌症。从巴菲头顶上那个恶心的小疣状物一直到引起杜克肝衰竭的那个排球大的玩意儿都是癌症。如果这些分裂细胞不破坏重要组织,也不通过系统转移,我们就称之为良性肿瘤。反之,我们则称之为恶性肿瘤。幸运的是,大多数肿瘤都是良性的。为了减少混淆情况的发生,很多医生尽量避免称良性肿瘤为癌症,而是将其称为结节或增生,但你不清楚的时候一定要问医生——它到底是良性的还是恶性的。

其次,即使是恶性肿瘤也不是说就判了死刑。在人类医学中,许多癌症被越来越多地视为慢性病,即使它们不能被治愈,也可以得到不错的控制,以使患者在一定长度的余生中仍有不错的生活质量。这也是我们兽医学的目标,我们非常重视宠物的生活质量。归根结底,我们给疾病贴上什么标签并不重要,重要的是我们能做些什么来为它提供良好的生活质量。癌症的标签没什么用——有许多非癌症的疾病和很多癌症比起来更加严重。可以肯定的是,有很多癌症让我们必须很快地进入关于安乐死的对话,但我的观点是不要把所有的癌症都等同起来,因为有些癌症很容易被控制住,并且我们可以为患病的动物在它们余下不多的日子里保证良好的生活质量。

有时有人会问我:"难道我们不就是在延长它的寿命吗?"如果我心情不错,而且我很了解那位客户的话,我对此的回答就是:"你每呼吸一次,就是在延长你的生命!"这是真的啊,对每一个有机体来说,游戏的名称是延长生命,只要没有痛苦。一只动物是不知道它应该活多久的。当我告诉它们的人类同伴,我们可能只能让它再舒舒服服地活上六个星期时,它也不会有什么关于明天的想法和焦虑之类的问题。动物度过的每一个快乐的日子都是实实在在的,就这么简单,我们只想尽可能多地把那些快乐的日子串在一起。

给宠物治疗癌症的另一个绊脚石是"化疗"这个词,当我提出建议时,有些人的反应相当强烈,好像我现在已经越过了界线,进入了一个天方夜谭般的领域。但是化疗在这里只是指治疗癌症的药物，就像癌症本身一样，这些药物也有着巨大的多样性。最常见的治疗恶性膀胱癌的药物和治疗关节炎的药物是一样的（一种非甾体抗炎药）。用于癌症的话，它就是"化疗"（哦哦哦！啊啊啊！）；但用于关节炎的话，它就不叫化疗了。一模一样的药，一模一样的剂量。会使人体感到非常不适的带有副作用的攻击性化疗药物在狗身上通常只产生较小的副作用（猫是另外一回事了）。但我们有一个巨大的优势，如果我们的一个病患在化疗中吐了，我们可以直接停下来，至少我们试过了。我们的底线是不因为"化疗"是一个可怕的词就放弃它。化疗不是给每一个患癌症的宠物用的，但它可以给一些宠物用。

最后，我经常被问到宠物患癌的原因。人们会说："但我们给它吃的都是最好的。"或者他们会问它们生病是不是草坪肥料、水或邻居的零食导致的。事实上，这些和得不得癌症都没有什么关系。宠物的癌症（对于人类来说，除去一些人类特有的高危行为）主要是由三个因素引起的：基因、年龄和坏运气。基因是显而易见的，因为某些癌症在某些品种中更为常见。这并不意味着菲多的父母或兄弟姐妹因为有某种基因就一定会患癌，它只是意味着这个品种里的个体患癌风险更高，就像玩掷骰子一样。年龄风险也应该是显而易见的，随着时间的推移，你的DNA会积累损伤和错误，就像一辆旧车或一栋旧房子一样,而其中一些损伤和错误可能导致癌症。但最大的因素是运气,即使是体积最小的动物其身体也异常复杂。神奇的是,当你开始意识到这种复杂性时,一些疾病和诸如癌症之类的绝症或许就不再那么常见了。对有用的东西心存感激,不要害怕没有用的东西,有时候事情并不像你想象的那么糟,像你的宠物一样,忽略标签和文字,努力让每一天都尽可能过好,并享受这一天吧。

做出选择

"我不想让他受罪。"杰林斯基先生看着王子——他十三岁的德国牧羊犬,说着这样的话。

王子喘着粗气,这几乎是他唯一能做的事了。他慢慢地挪动十几步已是十分吃力,之后会扑通一声摔下来,又抬起胸膛,半张着嘴。杰林斯基先生不是一个多愁善感的人,他在屠宰场工作了一辈子,显然为自己的务实和不苟言笑而自豪。但现在他的眼睛泛红,他的声音就像耳语那么轻。

"是啊,我也不想让他受罪。"我说。

"没有希望了,是不是啊,医生?"

是的,这次没有希望了。两年前,他把王子带来看病,那时王子的后半部分身体很僵硬、很痛苦。当时他还说不想让王子受罪,并问送他离去的最佳时间。我给王子做了检查,发现他髋部很可能患有关节炎。我向杰林斯基先生解释说,我会根据宠物的主人对两个问题的回答再提出关于安乐死的建议。第一个问题是,病患的生活质量差吗?在这种情况下,答案是肯定的,王子很痛苦,他的生活质量肯定很差。第二个问题是,我们是不是已经没有了现实的选择来让我们产生一个合理的希望,明显地改善这种糟糕的生活质量?当时的答案是否定的,我们仍然有行得通的对策,因为有许多治疗关节炎的实用方法还没有让王子试过呢!安乐死是在没有希望的情况下才推荐使用的。两年前,王子一直在受苦,我们通过治疗减轻了他的痛苦。不过,现在他的心脏表面长了个肿瘤,而且他流血都流到了心脏周围的空隙里。他在受苦,没有真正能改善现状的希望了。这次我们必须让他走,以减轻他的痛苦。这是杰林斯基先生的责任,也是我的责任。

王子的这个例子没有什么令人犹疑之处。显然,在我们宣布生命终结之前,应该尝试着治疗一下他的髋部关节炎,但一个正在出活血的右心房血管肉瘤成为最终时刻即将到来的明确信号。

但那些不那么泾渭分明的案例呢?不幸的是,这些情况占大多数,这是人们痛苦和犹豫不决的巨大根源。很多宠物的主人告诉我,亲手把宠物送走是他们做过的最艰难的决定,这在很大程度上是我们无法控制的。和我们的宠物在一起,我们就需要时常做出一个结束我们深爱的生命的决定,这是时常会发生的事情。宠物的寿命一般只有人类寿命的六分之一左右,而且,如前所述,安乐死比在家里死于所谓的自然原因要普遍得多。

那我们怎么做出这个决定呢?正如我所提到的那样,我们要关注它们生活的质量,然后看看还有没有希望。"希望"通常是一个很简单的医学问题,你的宠物医生可以告诉你到底该怎么办。不过,生活质量方面则更为棘手,尤其是在生活质量逐渐下降的猫狗身上。你该在哪里画这条线呢?对生活质量的判断当然是很主观的,但我认为有两个总的指导原则:食欲和活动(或态度,在宠物身上就首先表现为不活跃)。我也看了四十八小时这一规则,所以,如果连续两天,一只被认为快死了的宠物根本不吃东西,或者几乎一动不动(或者看起来很沮丧的话),那可能是时候了。而且,只要你已经想明白了关于希望的问题,相信你的直觉——当你认为是时候的时候,可能真是时候了。

你对自己要温柔,这很重要,不要为选择合适的日子而过于烦恼,通常没有什么合适的日子。只要我们还在这个棒球场上,几天,甚至几周,在宠物生命的尽头,这些都无关紧要。它们没有什么明天的概念，也不知道到底该有多少个明天。后来有很多人向我反馈，回想起来，他们认为自己等得太久了，从来没人向我表达他们认为自己操之过急的想法，真的没有。但我们不想放手是可以理解的，这就是人类。再说一次，真的没有什么完美的一天，我们都尽力了。

这并不轻松，也永远不会变得轻松。怎么可能会变轻松呢？我们所能希望的最好情况就是不要让事情变得比现在更糟。幸运的是，一旦做出决定，安乐死的实际行动本身几乎总是非常顺利、无痛和快速的。王子的经历也是这样，在做出决定后的几分钟内，他就走了。杰林斯基先生哭了，他告诉我他父亲去世时他都没有哭。他很伤心，但他没有后悔，他和王子都以自己的方式获得了平静。

他们知道今天是圣诞节吗？

简短的回答是不知道。

较长的答案也有"不"这个词，但有更多的不可言传的细微差别。但在我开始讲这件事之前让我确保你安心，（或是说警告你？）这不是一篇宠物医生圣诞论文。在座的各位都是聪明人，我不会讨论巧克力和圣诞节时装饰用的光片对动物健康的危害，你们肯定早就知道了。我也不会讨论强迫你的猫穿上圣诞老人的小衣服或把驯鹿的鹿角绑在你家狗的脑袋上的道德风险,因为我知道无论如何我都劝不动你。(这是一种无法控制的冲动,并且随着社交媒体的出现而变得更糟了,法律是必要的,个人的文章对于这种冲动无能为力。)

以上都不说啦,我马上要讲的是标题中我们要讨论的问题:"他们知道今天是圣诞节吗?"不,他们不知道今天是圣诞节,但他们知道有事情要发生了,这让他们很紧张。现在,说真的,有些事可能是令人兴奋且感觉有趣的。爱社交的狗狗喜欢嗅那些平常不大见得到的人,而自信的猫咪爱偷偷舔火鸡。不过,这些都是例外。大多数宠物只是感到困惑,而困惑会导致压力。此外,大多数成年猫狗都非常非常保守。对他们来说,幸福的每一天都像以前的每一天一样展开就够了。对他们来说,幸福就是惠风和畅的日常生活啊!每一——天——一切——都要——一模——一样——一切!你已经知道了对吧。

圣诞节中的每一个要素都有可能搅乱这一宜人的日常生活,家具被移动了,房子里多了一棵大树,树上有无数的诱惑物,还不让你去摸。一棵吓人的大树树!看在皮特的份上,树上到处都是闪亮的玩具!你平常的遛弯儿事宜有变化了——甚至不去了,你的进餐时间也变得不稳定,人们来回乱走。达里尔叔叔一直坚持说,是真的,你真的很喜欢别人撸你毛茸茸的肚皮,但你没有,你咬了他,人们都嚷嚷着你疯了。你的主人熬夜睡得很晚,所有的东西都被扔在地上,你去看了看,他们就冲你大声嚷嚷。还没说完,早着呢。圣诞节对很多人来说已经够紧张的了,所以想象一下你的狗或猫是多么惊诧和彷徨吧,它们甚至都不知道那是圣诞节。

你能做点什么呢?取消圣诞节?当然可以,快去吧,宠物医生批准了。然而,这对你们大多数人来说是不现实的,所以我的建议是你们需要尽力维持它们的日常生活。你得在同一时间以同样的量喂同样的食物,尽可能在同一个时间段带他们去同样的地方遛弯儿,继续在小垃圾箱里铲屎。如果你担心圣诞节的混乱无序会让你忘记或分心,就在手机上设置提醒闹钟吧。

如果你要给你的狗狗戴上驯鹿的鹿角,别把这件事说出去,尤其不要让你的宠物医生知道。

猫咪发疯了

今年早些时候,当我在英格兰徒步旅行时,一份小镇报纸的标题吸引了我的注意:"奶牛正残忍地袭击OAP。"是的,全是大写字母。事实上,这句话是头版上唯一出现的内容。顺便说一句,"OAP"是指养老金的领取者——我不得不查了查这个单词。无论如何,这让我想起了洛琳告诉我的一个故事,在她的成长过程中,《温尼伯太阳报》上也出现了一个同样令人吃惊的标题。头版头条嚷嚷着"猫疯了",并附有一张照片:一位看上去一脸忧虑的老妇人坐在一张装饰着小洋娃娃的沙发上。这让我想到了猫的狂犬病,这就是那种古怪的思维跳跃吧。这一分钟你在琢磨OAP,下一分钟你就在琢磨猫的狂犬病。

我一下就想到狂暴的猫咪是因为就在去英国之前,我和一个客户就这个话题通了个电话。正如我在前一篇文章中所概括的那样,我没空时时刻刻去盯着我所有的电话留言。事实上,在我看到那些留言的时候,可能都过了一个小时或者更久了。在那个特别的早晨,我打开电脑的信息中心,浏览了一系列接待员推送来的吸引人的信息:

请打电话给斯特林先生,他认为巴顿得了狂犬病。

紧急:他非常担心他的猫是不是疯了。

他又打电话来了!

我很好奇,然后给斯特林先生回了个电话。"你好,我听说你担心巴顿得了狂犬病?"

"是的!她现在表现得一点儿也不像她自己!"

"怎么个表现呢？你能描述一下她在干什么吗？"

"通常晚上我会把卧室的门关上，但是前两天的晚上，我把门开着，她半夜进了我的房间。"

"嗯，还有？……"

"然后她跳到我身上，在那儿坐了一会儿。我醒了，但我没有动。然后她咬了我！"

"哦我的天。她给你咬破了吗？"

"不，我觉得那更像是轻轻一咬而不是狠咬一口。"

"嗯嗯……还有别的吗？"

"是的！昨晚她也做了同样的事，这次倒是没咬我。她只不过是大声呼噜来着。"

这变成巨蟒剧团的小品剧了。我深信我们的读者足够聪明，所以我相信你可以或多或少地重构出我的回答和余下的对话。当然，巴顿没有得狂犬病。巴顿是感到无聊和孤独罢了，想玩而已。斯特林先生松了一口气，他第二天打电话来为反应过度道歉，没有必要道歉啦。我宁愿人们把狂犬病重视起来，而不是不把它当回事，因为不重视狂犬病的人也非常多。

有时有人会问我，我经手的病例里有多少狂犬病。答案是零。肤浅的人们会把这句话当作不需要接种疫苗的依据。这当然是错误的结论。相反,这是疫苗接种计划非常实际的理由。不然这就有点像是在说:"看,我的房子从来没有被烧过,所以我可以让孩子们玩喷火灯喽。"没有全面覆盖狂犬病疫苗接种计划的国家,狂犬病发病率高得惊人。印度每年有两万人死于狂犬病,两万人死亡,这是可以想象的最凶险的死亡诱因之一,而因狂犬病死亡的动物数量一定还会高出一个数量级。

所以,如果你担心你的猫或狗(或牛)发疯了,请不要犹豫,立刻打电话给我,我们不会笑的。(除非你用迈克尔·佩林[1]的声音。)

当天空爆炸的时候

诺曼坐在帕克先生的身边,巴巴地看着我。因为我已经给了他三块他最喜欢的小香肝。"他给了我三块,为什么不给我四块,甚至十四块呢?"他好像在琢磨这件事。不管怎样,他今天看起来并不是特别紧张和焦虑。然而,两天前,这只三十公斤重的拉不拉边(拉布拉多和边境牧羊犬的混血)在帕克的厨房纱网门上啃了一个狗形的门洞。然后,他在瓢泼大雨和不断下陷的泥浆中跑了至少四公里。

---

[1] 迈克尔·佩林(Michael Palin),英国著名喜剧家、编剧、作家、旅行节目主持人。——译者注

几个小时后，帕克夫妇发现了他，他一瘸一拐地走在一条格子状的路上，呼哧呼哧地喘着，浑身是泥，筋疲力尽。他们带他来检查，一来是因为他还是有点瘸，二来是因为他们不想再看到这种事发生。诺曼有风暴恐惧症，而夏季风暴季节才刚刚开始。

许多狗都有风暴恐惧症和噪音恐惧症。这实际上是两种不同的病症，尽管有相当多的相似之处。大约90%的狗有风暴恐惧症的同时患有噪声恐惧症，后者是由爆竹和汽车回火等突然的、响亮的声音引起的。奇怪的是，相反的情况下，只有75%的患有噪声恐惧症的狗同时患有风暴恐惧症。许多狗也有其他焦虑，比如分离焦虑，但肯定还有一大部分像诺曼一样没有别的焦虑。有证据表明，除了雷声之外，怕风暴的狗也可能对大气压力的变化和闪光做出反应。众所周知，狗能比我们更早地听到雷声。这是问题的一个关键部分，因为先刮一阵大风的话，许多焦虑会变得更为严重。

我和帕克先生聊过三种解决方案：训练、零食和药物。大多数情况下，你至少要用其中的两个办法。而诺曼这三个全都需要。

长远来看，训练是最好的解决方案，前提是你能让它发挥作用。如果你能始终如一地投入这些训练所需的时间，你成功的概率会更高。也就是说，我不会对那些抽不出时间的主人说三道四。我自己的狗仍然追逐汽车，偷走一整块蛋糕，对着一片虚无嗷嗷叫，就像那片空气有问题一样。我们有一些训练方法，但我最喜欢的是反条件训练。想试试的话，请找一个较长的雷雨声音剪辑片段。在一开始的时候，小声地、短暂地播放它，同时给你的狗吃零食或狗粮。让它千万别焦虑，别冒火。随着时间的推移，逐渐提高音量并延长持续播放时间，如果他表现出了任何担心的迹象，一定要停止。你正试图在临时的坏事——风暴，和永久的好事——食物之间建立一种深刻的联系。对大多数狗来说，只要你采取极其谨慎和循序渐进的方法，食物的美妙终将压倒暴风雨的邪恶。最好在暴风雨季节开始前，你就训练好他。

下面这些把戏很有趣，拿出你的信用卡开始网上冲浪：

可以屏蔽声音的狗狗耳罩。

有特制小窝棚，也可以阻挡声音。

如果你的狗狗也害怕闪电的话，可以使用"Doggles"牌的护目镜。

还有狗狗安克斯夹克，通过营造一种充满安全感的"拥抱"来让狗狗平静。

上述这些办法中，我只看到最后一个比较有用。据我观察，安克斯夹克似乎能帮助很多狗，但这个不太可能会成为大众唯一的选择，只不过看起来很酷罢了，尤其是在和耳罩及护目镜一起搭配着使用的时候。我来告诉你一个实惠的DIY方案吧，那就是让狗告诉你什么可以减轻它对噪音和闪光的恐惧。这意味着打开你所有(内屋)的门,让它找一张床钻到底下去,或者找一个壁橱把自己塞进去。

最后终于要说到吃药了。当我在讨论以上所有的问题时,一些客户的眼睛在发光,并散发出强烈的"只要给我药就行了"的光芒。其中有几种药,但没有一种是完美的,而且这些药都要求你非常留神天气预报,因为一旦狗狗已经开始焦虑,它们就没用了。当你知道一天的晚些时候会有暴风雨时,手头有一些药物是很不错的。一般情况下,在预期焦虑发作的前一个小时给它们药物就行。在一些严重的情况下,你甚至可能得在暴风雨季节的每一天都给它们吃抗焦虑的药。不管怎样,和你的宠物医生谈谈吧,因为一定没有一个一劳永逸的答案。

最后,经过了一些调整后,安克斯夹克和阿普唑仑处方成了诺曼的良方。他度过了一个美好的夏天,直到他们在一辆铝制拖车上露营,并被一场冰雹困住……

埃尔伍德绝不后悔

虽然他看起来很沮丧,虽然他显然宁愿去别的地方,但我相信,埃尔伍德是在挑衅。他以前就吃过,他还会再吃的。如果他的主人把巧克力橘子糖放在他唾手可得的地方，老天爷，他会在你说"埃尔伍德！放下它！"之前就狼吞虎咽了，绝对的，连着锡箔纸一起吃。啊，这三秒钟是多么美妙，足以让巧克力的美味与他的味蕾完美相遇。此外，这是他的圣诞传统，传统显然对埃尔伍德非常重要。事实上，我在开玩笑——对埃尔伍德来说，只要能接触到任何与食物极为相似的东西就已万事大吉。忘记传统这件事吧。

我向赛克斯展示了巧克力毒性计算器，它告诉我们，在十公斤的比格犬体内，157克的牛奶巧克力糖会转化为每公斤35毫克的活性和毒性成分，使比格犬处于"轻度毒性"阶段，可能会产生呕吐、腹泻、颤抖和心率加快这些问题。幸运的是，我们只看到了第一个症状，部分原因是赛克斯深知他家的埃尔伍德的个性，在他徒劳地喊了一句"埃尔伍德！放下它！"之后便立即冲了过来。这样我们就可以对他进行催吐，并且尽可能多地从他体内把巧克力掏出来。顺便说一句，我想让你知道，尽管宠物诊所可能会被一大摊臭气熏天的东西淹没，巧克力呕吐物实属顶级的魔鬼香水，绝对让你过鼻不忘。我提到这个只是为了让你知道，当你允许你的狗接近巧克力的时候，宠物医生也真的会受苦受难。我跑题了。

所以巧克力对狗是有毒的，你们大多数人都知道这个。但你知道它为什么有毒吗？我前面提到的活性有毒成分是可可碱，它与咖啡因同属一种甲基黄嘌呤类兴奋剂。狗的不同之处在于它们的新陈代谢比人类慢得多。猫也是，但它们对猛啃巧克力这件事从来没什么兴趣，因为它们品鉴不出这种甜味。由于可可碱是一种兴奋剂，所以在高剂量的情况下它会引起严重的心律失常和潜在的致命性癫痫发作。如果一只狗体内含有每公斤约200毫克的可可碱，那么有50%未经治疗的狗会随即死亡。可可碱的含量因巧克力的种类而异，牛奶巧克力中的含量最少，而烘焙的黑巧克力中的含量最多。一般的经验是，28克（1盎司）的牛奶巧克力中大约含有60毫克可可碱，而同量的黑巧克力大约含有200毫克可可碱。

值得注意的是，最近一项针对英国230家宠物诊所的研究表明，狗在圣诞节发生巧克力中毒的风险是一年中除复活节以外的任何时段的四倍，而复活节时的风险是平日的两倍。奇怪的是，情人节和万圣节竟然没有增加狗中毒的风险（尽管，请注意，在英国，万圣节巧克力远不及情人节的讲究，情人节时通常会有很多昂贵的、包装精美的巧克力）。

顺便说一句，理论上巧克力对人体也是有毒的，尽管我们的敏感度要低得多。一个像我这么大的人如果吃下4.5公斤的烘焙黑巧克力，或者一块巨大的32.5公斤的牛奶巧克力，就有巨大的被巧克力谋杀的风险。我认为可以确定的是，在我们吃下那多得令人死亡的巧克力之前，我们的身体会产生一系列越来越痛苦的感觉来阻止我们达到极限。但如果不是这样的话，可以想一下讣告的措辞了。

最后，埃尔伍德的去世并不是因为他对裹着箔纸的巧克力的狂热，也不是因为他在其他饮食上的轻率，而是因为多年后他患上了一种与饮食完全无关的肾脏疾病。我想，在某种程度上，他证明了他绝不后悔的态度的合理性。

牙医的怪异真是让人无话可说

小动物医学实践的一个常规部分是建议主人让动物们去看看牙，然后你看看那些主人的反应吧——就好像你刚刚向他们的狗推荐了西班牙吉他课，或者给他们的猫咪推荐了一套百科全书。有些人认为宠物医生的牙医学证明我们简直太把宠物当人了。这些人（谢天谢地他们越来越少了，但这点还是挺烦的）表现得就跟吉娃娃穿上粉红色皮夹克，猫咪下到温泉池子里似的。

这是真的，即使你给他们看了宠物牙龈上渗出脓液的病变情况，他们也不信。我保证，如果你给他们看宠物身体上其他地方渗出脓液的病灶时，他们一定会吓坏的，他们希望赶紧给宠物进行治疗。但一说到牙却不是这回事了。

这是为什么呢？

部分原因是你通常看不见动物的牙。话虽如此，我想指出的是，有时，上述的那些人会继续向我指出狗腹股沟深处的一个微小的肿块，或者是当血液测试显示小动物的内脏中有一个从表面看不出来的小问题时，他们才着急。

另一个因素是动物没有表现出牙疼。这有时会导致相反的情况，客户会坚持一个观点，那就是，因为猫咪的牙坏了所以它才不吃东西。猫不吃东西有968个常见的原因，但牙坏了可不是理由。它们因为牙疼就不吃东西的状况十分罕见。但疼痛问题也只是牙科问题的一部分，许多其他不疼痛的情况会引起对牙科持怀疑论的客户们更多的兴趣。

那么，我的理论是什么呢？

我的理论是，我们必须归咎于人类牙科行业的怪异历史。客观地说，牙齿是你身体的一部分。实际上，即使是从主观上来说也是如此。牙齿是你身体的一部分：客观上，主观上，事实上都是。同意了？那为什么牙牙们是你身体中唯一一个得靠完全独立的职业医生来照顾的部分？这一切只不过是历史的意外罢了。我们本可以在逻辑上，用一个专注于手指和脚趾的独立职业来结束这个话题。"亲爱的，我要去那个数码专家那儿了！"

20世纪以前，内科医生和"理发的外科医生"之间有一个分工，内科医生给病人做做检查，开点庸医处方药，然而"理发的外科医生"会用锋利的剃刀和稳定的双手进行手术，从切掉疖子到截肢，都可以成为他们的工作内容。有些人还有一套钳子用于方便地拔牙（一些铁匠也会这么干）。这是牙医历史学的总和——猛拽那溃烂的大牙，木匠和商人会做假牙。随着规则的逐步确定，越来越多雄心勃勃地挥舞着剃刀的理发师们渴望获得医生所享有的声望，后来，这些职业逐渐被合并了，或多或少是出于偶然因素吧，单单留下了拔牙这一项没有着落。再后来，医学院关闭了所有和无照行医的行业（我想到的是助产士）有关的课程，他们也没管那些拔牙的，因为他们对自己似乎没有什么威胁，有些人会阴暗地揣测，之所以会这样是那些医生之间有着相似的社会背景。

这就给我们留下了这样一个局面：在加拿大，医疗保险会花钱为你感染的脚趾做手术，但不会为你那些发炎的牙慷慨解囊。在这种情况下，你有两套不兼容的健康记录，这就让有些人认为他们的牙齿脱离了他们的健康大业。对我们这些可怜的宠物医生来说，我们明明把病患的全身都保护得好好的，然而有一些宠物主人在心理上却把菲多或弗拉菲的牙齿看作他们的身外之物，又武断又怪异。牙科真奇怪。

另外,我的牙医很棒,而且一点也不奇怪。我只是觉得如果他是一个拥有医学博士学位的牙科专家的话,我的宠物医生生涯会更轻松吧。

感觉到棘手了吗?

我想你已经听说了一些关于蜱虫和它们传播的疾病的信息,所以我在这里就不向你重新兜售这些信息了。如果你有什么具体问题的话,宠物医生合伙人网站是一个值得信赖的信息来源。相反,我要强调一个不常被人提起的问题,这在标题中有所提及:在人身上嘀嗒嘀嗒。更具体地说,是蜱虫会从你的狗身上跳到你的身上。

蜱虫是疾病的潜在媒介。"载体"一词是指转运体,一种将致病生物体从一种动物运送到另一种动物身上的活血管。最著名的是鹿蜱,或者说黑脚蜱,蜱是包柔氏螺旋体的载体,后者会给机体带来莱姆病。但经常令我们意想不到的是,你的狗(以及你的猫,虽然很少会发生)可能是"载体的载体",我来创造一个术语,它们是一种"元载体"。大多数拥有"蜱虫磁铁"的狗——那些会消失在高高的草丛中并带着二十只蜱虫回家的狗的主人们,你们懂的。你们肯定对后来在房子里发现蜱虫的情形见怪不怪了,它们很可能是从狗身上掉下来的。从理论上来讲,这可能发生在任何一只狗的身上,特别是如果它们的皮毛颜色比较深或毛比较长的话,因为蜱虫很难被发现,除非你仔细检查。虽然我找不到关于这种疾病的实际发病率的研究,但我们可以合理地进行假设,任何狗都可能出人意料地把鹿蜱带回家,然后让你感染莱姆病。80%感染莱姆病的人会生病,有时病情相当严重,而只有10%的狗会因此生病。

如果这还不足以让你感觉皮肤上有东西在爬[1],那么危害较小但同样令人毛骨悚然的棕色狗蜱可以在你的房子里繁殖并度过它的整个生命周期,给你造成严重的感染。它们喜欢爬上墙,然后倒挂在那儿。给曼尼托巴当地读者的好消息是,据我所知,这里没有媒体报道过这种蜱虫(木蜱,又称美国狗蜱,是我们看到的除鹿蜱以外的蜱虫),但我们应该保持警惕,因为美国疾控中心认为褐色狗蜱在北达科他州和明尼苏达州颇为泛滥,在安大略省也十分常见。

现在我真的把你吓得够呛了吧。

最后让我试着安抚你的情绪,别害怕了。当然,这都是在我们终

---

[1] 事实上,此时此刻你腿上或者头皮上有有东西在爬的感觉,几乎可以肯定不是由蜱虫造成的,因为人们通常感觉不到它们的存在。抱歉,我想我可能吓坏你了。——作者注

于有了上好的蜱虫药物的时候才行。多年来,当人们担心有蜱虫的时候,我们或多或少会耸耸肩,说些类似于"嗯,你可以试试这个,这会有点帮助"的话。在过去的两三年里,治疗蜱虫的新产品出现了,这些产品易于管理,非常安全,而且效果比上一代产品好得多。至于哪种产品最适合你的狗,我会把具体的建议留给你的宠物医生。不过,没有一种药是百分之百完美的,所以我还是建议你在人行道上散步后仔细检查一下你的狗。至少现在你没有必要去感受……嘀嗒嘀嗒。

草原跳蚤的歌谣

我敢打赌,如果你去看你的精神科医生,他说:"当我说'狗'的时候,你想到的第一个词是什么?"你们当中肯定有相当比例的人会说"跳蚤"(那些没有说"骨头"的人,本身就值得写上一篇文章)。大多数卡通狗都有跳蚤,孩子们会拿着尤克里里弹《我的狗狗有跳蚤》这首歌。很多人认为狗痒是因为它们身上有跳蚤,但先别急,我们来分析一下。你们中的一些人是在加拿大大草原或美国的干旱地区生活的,哦,那些可怜的大草原跳蚤或沙漠跳蚤完蛋了。你看,跳蚤喜欢高温,而且特别喜欢潮湿。因此,塔拉哈西(又热又潮)有很多很多跳蚤,而图克托亚图克(又干又冷)则几乎没有。不管是好是坏,温尼伯和大草原的其他地方,都更像图克托亚图克而不是塔拉哈西。下次你在佛罗里达的时候,请注意一下你看到了多少宠物诊所。很多,对吧?跳蚤,都是因为跳蚤。

尽管有这个背景,文化仍然教导人们假设一只狗或猫身上痒痒了,那就是有跳蚤。这就是我曾经要打破的头号神秘传说。我们偶尔会看到跳蚤的例子,也许一年两三只,而实际上有成百上千的狗和猫因为过敏(是的,过敏——超级普遍)而发痒。我有时候会对这些难缠的又或许是迷了路的小草原跳蚤感到惊讶,我实在想知道它是怎么来到这里的,还有它冬天的计划是什么。一年前,这可以快速写成一篇简单的文章——《你的宠物没有跳蚤》。然而,去年秋天,有些东西变了。它们仍然非常罕见,但我们可能遇到了八到十个病例,是平均水平的四倍。我们这儿不会马上就变成塔拉哈西,但我们似乎有一丁点接近了。把跳蚤加入你的全球气候变化后果列表吧。阿尔·戈雷没有警告我们这一点。

那你怎么知道你的宠物有跳蚤呢?理想情况下,你可以看到万能的跳蚤本体,但它们很小而且移动速度惊人,它们只能靠动物来喂养自己。剩下的时间它们就在你家里吃了拉,拉了吃。同时,有一个关于跳蚤的恶心事实:跳蚤喝血,然后把消化的血拉出来。因此,跳蚤的粪便看起来就像你宠物皮毛中的黑色小颗粒。请取其中一粒,放在一张白纸上,稍微将它弄湿,然后用手指画出条纹。如果它画出的是锈红棕色条纹的话,那么你,我的朋友,你的房子里有跳蚤,你可以开始恐慌了。不,我是开玩笑的——你不用太过慌张,但你应该会感觉有点恶心。(注:猫可能会把跳蚤的污垢舔掉,这会使事情变得更加复杂。)

我在这里不会详细讨论怎么去治,也许可以预见的是,你应该去和你的宠物医生聊聊,因为这有点复杂。不过,我想说一句关于跳蚤项圈的话,那个词便是,"没用的"。我已经有客户说:跳蚤项圈很好用,因为波佐没有起跳蚤。这就像是那个戴着锡箔帽的人宣称戴锡箔小帽子有效一样,但这仅仅因为外星人无法对他进行精神控制。草原跳蚤这些天可能会有点蠢蠢欲动,但你的宠物不会那么倒霉,恰好就遇上一只。如果你在温哥华、波士顿、伦敦,或者世界上其他更潮湿的地方,你会对我说的一切嗤之以鼻。你懂的,你们那儿的跳蚤简直招摇过市,它们一定生龙活虎,你的宠物很容易就能遇上一只——它们只是普通的花园品种。

我的心上有虫子

好吧,从技术上讲,这虫子并不长在心脏上,我们之后细说。从技术上讲,也不是我的心脏——至少可能不是,这个我们也放在后面说。

我想,在曼尼托巴和北美的大部分地区,春天是心丝虫的季节。是的,是的。如果你在宠物诊所工作的话,你绝对不可能错过、不会弄错而且会终身难忘的。不是我们的病房里挤满了患心丝虫病的狗,而是化验和打预防针都同时出现在一个相当紧密的日程安排中。更复杂的是,对大多数人来说,把所有其他一年一度的事情都放一块办了是很方便的,你瞧,他们已经把菲多(顺便说一句,没有狗真被命名为菲多,或罗乎,或雷克斯,或斯波特,而一些猫会叫这些名字)拖进来了。因此,我们大多数人在春天一周内看到的病患和在冬天一个月内看到的病患一样多。

我不想浪费时间去唠叨一些关于心丝虫病的基础表现。你可以去靠谱的网站上搜搜,或者,更好的还是去问问你友好的邻居。他们中的一些人可能正好就是宠物医生,因此在这种情况下,唠叨会更浪费时间。相反,我想谈一些更不寻常的冰冷的现实。(好吧,你们有些人会认为这些是恶心的心丝虫故事,但我认为它们还挺酷的。)

超酷的心丝虫·第一弹

心丝虫可能已经存在很长一段时间了(报告认为它可能可以追溯到15世纪)。它最初是在1847年的南美洲被发现的,之后人们在1856年的美国东南部又发现了它。之后它继续向北和向西传播,一百多年后抵达了加拿大。现在它已经在安大略省、魁北克省和曼尼托巴省的南部地区建立了根据地,在不列颠哥伦比亚省的欧肯那根谷和大西洋沿岸也有一些据点。没有人能确定它是从南美洲开始的,还是从热带的其他地方(可能是非洲)来的,但是现在我们在除了南极洲以外的每一片大陆上都发现了它,发病率更高的是世界上较热和较湿的地区。

超酷的心丝虫·第二弹

然而,扩散现象虽然存在,但北美西部大部分地区和北极都还未大规模地出现类似的情况。这不一定是因为这些地方没什么蚊子,而是因为这些地方没什么心丝虫检测结果为阳性的狗。蚊子仅仅依靠"注射器"就能把心丝虫从一条狗转移到另一条狗身上。这就是为什么曼尼托巴北部既是蚊子的天堂也是心丝虫的自由天地。以曼尼托巴省南部为例,那条南至明尼苏达州、北往密西西比河谷方向延伸的线上的人口密度足够高,相对来说,会比较容易造成南北方向上的"狗狗相传"。

超酷的心丝虫·第三弹

心丝虫可能会长成大个儿,周身可长达三十五厘米。而且它们很可能数量众多,据报道,感染者体内感染的心丝虫可超过一百条。

超酷的心丝虫·第四弹

上述报道中的心丝虫大小和数量非常罕见,而且在大多数情况下,"心丝虫"一词的使用也不恰当。大多数时候虫子都在远离心脏的肺动脉里游荡着。只有当它们的数量超过二十五条的时候,它们才会真正去到心脏里,但我从没在自己的职业生涯里遇到这种情况。但"肺动脉虫"虽然更准确,却有点笨拙。除非你和我一样是德国人的后代,所以你喜欢更准确的单词,尤其是那些冗长笨拙的单词。然而,我不得不遗憾地承认,德国人在这一点上还是辜负了我们,因为德语中的心丝虫就只是"Herzwurm"[1]。但1999年被提名为"年度德语词语"的最长德语词汇是一个半兽医学词语!"Rindfleischetiketierungsüberwachungsaufgabenübertragungsgesetz",它指"一项用来规范牛和牛肉标签提案的法律条例"。所以,你瞧瞧。

---

1 "Herz"为心脏,"Wurm"为蠕虫。——编者注

超酷的心丝虫·第五弹

野生动物会长心丝虫。按理说,狐狸、草原狼是在这方面最危险的动物,但也有报道称,熊、浣熊、豹子、海狮、海狸都有这种风险。猫和雪貂也有一些潜在的风险。但这取决于你住在哪里,所以请咨询一下你的宠物医生。不过,心丝虫更喜欢狗,所以要感染这些非狗的物种需要更多的虫子。因此,对非狗生物来说,感染心丝虫病的风险要低一些。不过,一个可怕的事实是,患有心丝虫病的猫很少表现出症状,而且最常见的情况是,只有在对突发意外死亡的猫进行尸检的时候,人们才会发现心丝虫。

超酷的心丝虫·第六弹

也许最酷的事实是:人类也可以患心丝虫病。心丝虫病毒呈阳性的蚊子一直叮咬我们,并释放微丝蚴(心丝虫的幼虫)进入我们的血液。但幸运的是,我们不是合适的宿主,所以在99.9%(可能在这后面再多个"9")的情况下,它们死了。然而,在美国,至少有80例人类感染心丝虫病的病例,大部分在肺里,但偶尔——如果你容易犯恶心的话请闭上你的眼睛,在眼球和睾丸里!这些病例大多是轻度感染。最主要的问题是,在肺部的X光片上,心丝虫导致的病变看起来很像肿瘤,这会促使人们做进一步的开刀检查,放射科医生称之为"硬币病变"。因此,如果你听到实习生们一边窃窃私语,一边斜视你,请礼貌地清清嗓子,举起手来问问关于心丝虫病的事。

一只狗的奇思妙想

"你认为他心里在想什么?"雷诺兹先生问我,他正对着阿尔夫微笑,他十二岁的拉布拉多串串。阿尔夫耐心地坐在他旁边,盯着我,眼睛一眨不眨,他的眼神追随着我的一举一动。

"我们只能猜猜咯。"我一边翻着阿尔夫的病历,试图破译这些字迹,一边心不在焉地回复他。

"他的注意力全在你身上。注视着你做的每件事。看你是要伸手去拿针还是零食!"

专注,注意,注视,完全清醒并充满兴趣。雷诺兹先生完全正确,这让我开始思考。

在大部分的西方历史里,我们相信动物的意识与人类的不同。我们曾相信它们没有"思想",我们相信它们的行为只是不经思考的反应的产物。17世纪的笛卡尔有一句名言:一只在痛苦中哭泣的动物实际上并不能像我们那样感知痛苦,那不过就像一台机器感受到齿轮发出噪声罢了。对动物意识的否定一直持续到了20世纪,事实上,我为我的职业感到羞愧,直到20世纪80年代,兽医学校在疼痛控制方面的教学仍很少见,部分原因是我们对动物意识的疑虑挥之不去。

但这个故事有一个有趣的转折点:事实上,我们应该怀疑的是我们自己的意识。

人类发展了语言,语言让我们能够组织复杂的社会,创造出惊人的技术,并最终征服世界。然而,这种语言能力就像一层厚厚的毯子一样覆盖在我们的意识之上,常常让它窒息。我们所说的"思考"往往只是头脑中一股乱七八糟的文字洪流。通常,这些话只是对老旧对话毫无意义的重复,对未来对话的排练,对歌词的循环抓取,对记忆减半情况下的待办事项的罗列,等等。说实话,你最后一个真正有用的想法是什么?它很可能在一个罕见的安静时刻突然出现,而不是从内部喋喋不休的激流中冒出来。

相反,动物没有语言。它们不组织对话,也不构建家务清单。它们以纯粹意识和纯粹认识的状态存在,具有绝对的专注。它们的脑子里充满了眼前的一切:现在,这类似于冥想者试图达到的境界。当然,对动物来说,记忆和期望也会入侵它们的大脑,这些可能会以气味图像的形式出现,但它们的意识与我们的相去甚远。它们的想法无时无刻不集中在现实世界里,而我们却不自觉地随波逐流,然后又茫然地问所有的时间都去哪儿了,或者怀疑最后经过的几个红绿灯是不是真的是绿灯。

我给阿尔夫打了一针,又给了他一块零食。然后我又回过头去想弄清楚他的病,同时想知道我的下一个约会是否安排上了,我忘记了我应该说什么事,然后我记了起来,再后来我又忘了。

而阿尔夫一直专注地看着门。

后记

给我狗狗的小诗

黎明犬吠声声,

偷零食和脏纸巾的贼,

温柔的棕色眼睛与我的眸子不期而遇。

我们有我们深爱的猫,它们的故事也值得我们讲述。但这个故事是关于我的狗的,在我儿时的梦想被搁置一旁这么多年以后,我的第一只狗的。他的名字叫奥比特(轨道),今天是他的生日。

我认为我们还没准备好养一只狗。我们忙着照顾两个小孩和两只讨厌狗的猫。我们在工作上都忙得不可开交,也时常外出旅行。但我女儿改变了我们的想法。"我什么时候才能养一只狗?"她抽泣着说道。这唤醒了四十年来一直沉睡在我内心的期待。

就事实来说,奥比特是我女儿的狗。她非常爱他,她给他刷毛,喂他,训练他,有时候会带他去散步。但后来,这种情况几乎是在难以察觉的情况下发生了变化。她对他的新鲜感是不是像大家说的那

样逐渐减退了呢？我对他的喜爱是不是像大家说的那样偷偷增加了呢？是的，我想正是如此。当然，我女儿仍然很爱他，但我现在也爱他，甚至爱得更为强烈。我给他刷牙，喂他吃东西，陪他散步，在上下班通勤时段里花多得不可思议的时间来期待他的问候。最可笑的是，客观地来说，他甚至都算不上一只"好狗"，实际上他有点儿傻。但他是一个可爱的傻子，而且，尽管我知道这么想可能很幼稚，但我相信他的心是纯洁的。这才是真正重要的。

所以现在当我进入一间检查室，看到一只狗坐在他的人类同伴旁边时，对于他们俩之间会发生什么，我会有一种更为切身和直接的感觉。

谢谢你，奥比特。为了那些问候和黎明时分的散步，以及其他的一切。生日快乐。

致谢

我可以在两种方式中选一种来感谢别人。我可以起草一份详尽的家庭和朋友、教师、教授、导师、老板、同事、员工、客户和病患的名单,这些人对我的职业生涯或写作爱好都产生了积极的影响,并为这本书做出了贡献。这张单子真的要排好几页,没人想看这个,而且我肯定会不可避免地落下某个人。

因此,我选择第二种方式,只写那些对我帮助很大的人。

我之所以成为今天的宠物医生,在很大程度上要归功于两位杰出同事的指导:巴布·德维亚恩博士和已故的鲍勃·勃兰特博士。学校固然教授兽医学,但你需要和巴布、鲍勃这样的人共事才能探寻兽医学的艺术。

我能在今天成为一名作家,至少部分原因在于我的母亲。在我成长的过程中,家里很少有人赞美我。家长预先默认我们会做得很好,这个我就不说了。但有一天,我母亲在看了我一篇得了A+的论文后告诉我,她认为我一直都有写作天赋,这让我大吃一惊。我敢肯定她甚至都不记得那句跑题的话了,但那句话一直萦绕在我心头,并成为我的信念。

我也要感谢我的出版商杰克·大卫,他把我当初认为的艰难过程变得十分简单,甚至令我感到愉快。

最后,我必须感谢我的客户和他们的宠物们。我没办法从中挑出几个来,所以我要一并感谢。他们的信任和耐心成就了我的事业,也成就了这本书。以上都是他们的故事。